五彩校园文化艺术活动丛书

五彩校园

校园环保类活动指导手册

于 玲◎编著

吉林出版集团股份有限公司
全国百佳图书出版单位

前言
PREFACE

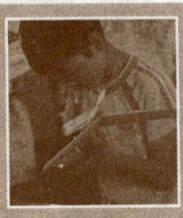

　　在党和政府的要求下，长期以来，学校文化艺术活动作为学校教育教学工作的一个重要组成部分，不仅是广大青少年建立兴趣爱好和成材的重要途径，而且是学校德育工作发挥巨大作用的主要因素。营造丰富多彩的校园文化，为广大青少年开拓广阔的成材之路，这是加强素质教育的要求，也是培养青少年未来实现中国梦想的要求。

　　学校开展形式多样的文化艺术活动，能够使广大青少年达到开阔视野、陶冶情操、增长才智、提高素质、沟通人际、适应社会以及改善知识结构和掌握实用技能等方面的效果。在这些文化艺术活动中，广大青少年通过接受不同形式、不同内容的有益教育，能够起到潜移默化的作用，这对造就和培养有理想、有道德、有纪律、有文化、适应中国复兴和实现中国梦的新一代人才有着十分重要的作用。

　　因此，越来越多的学校对于开展丰富的文化艺术活动和营造浓郁的校园文化环境给予了越来越多的投入和努力，学校里的音乐队、合唱团、舞蹈队、书画社、兴趣小组等，简直琳琅满目。因此，校园文化艺术活动的组织策划与指导就显得十分重要了。这就需要坚持先进文化的正确方向，以育人为根本目标，努力发展符合实际需要、并为广大师生喜闻乐见，且具有实效的校园物质文化和精神文化体系，真正营造五彩校园的文化氛围。

为此，根据党和政府有关政策和部门的要求以及国内外最新校园文化艺术的发展方向，特别编撰了《五彩校园文化艺术活动》丛书，不仅包括校园文化艺术活动的组织管理、策划方案等指导性内容，还包括阅读、科普、歌咏、器乐、绘画、书法、美化、舞蹈、文学、口才、曲艺、戏剧、表演、游艺、游戏、智力、收藏、棋艺、牌技、旅游、健身等具体活动项目，还包括节庆、会展、行为、环保、场馆等不同情景的活动开展形式等，具有很强的系统性、娱乐性、指导性和实用性。

　　本套丛书适当配图，图文并茂，设计精美，格调高雅，不仅是广大学校用于开展丰富文化艺术活动的最佳指导读物，也是大中小学学校领导、教师，在校大中小学学生、研究生、博士生以及有关人员学习的最佳实用读物，还是各级图书馆珍藏的最佳版本。

目录
CONTENTS

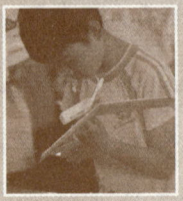

N01. 学生热爱环境教育的指导

NO2. 校园环保社团建立及管理

NO3. 校园环保社社团活动指导

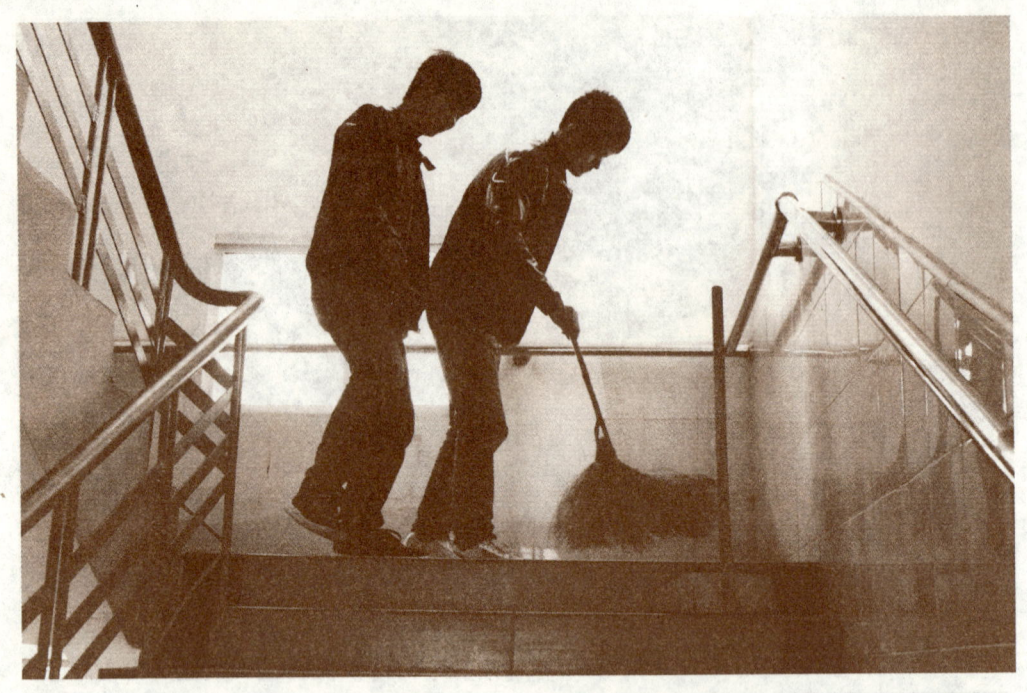

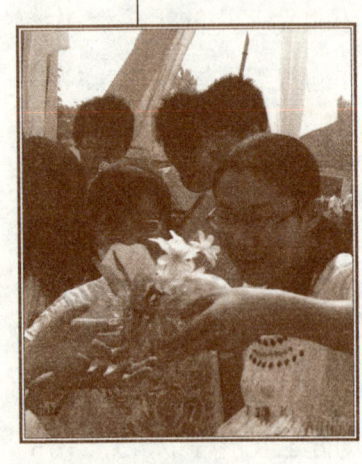

NO4. 学校环境管理的方法指导

NO5. 学校日常环境管理制度

NO6.学生热爱环境教育主题活动

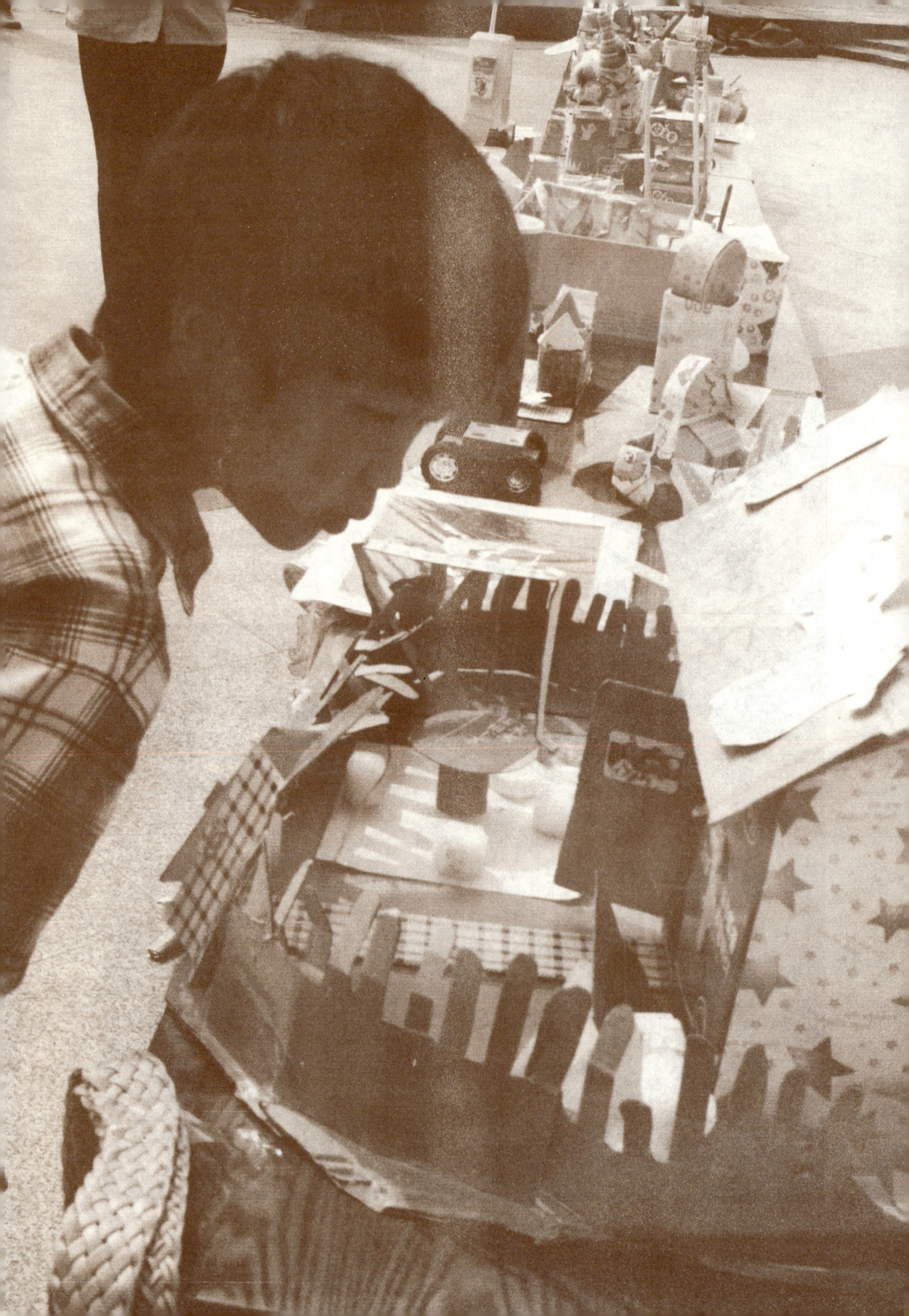

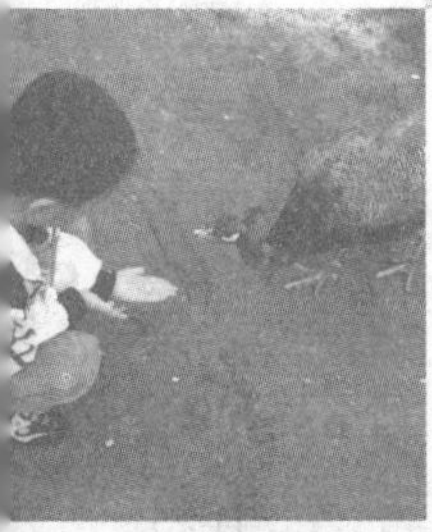

NO1.学生热爱环境教育的指导

学校环境教育的综合指导

环境教育的内涵

环境教育是以人类与环境的关系为核心，以解决环境问题和实现可持续发展为目的，以提高人们的环境意识和有效参与能力、普及环境保护知识与技能、培养环境保护人才为任务，以教育为手段而展开的一种社会实践活动过程。简而言之，环境教育就是以人类与环境的关系为核心而进行的一种教育活动。

环境教育是实现环境保护目标的一种教育，是证明环境价值和澄清概念的一种过程，是培养人们具有理解和评价人、文化及其同环境之间相互关系所必需的技能和态度的过程。它也包括要人们遵循为保护环境所作的决策及行为准则的教育。

环境教育包括两个方面的任务。一方面是使整个社会对人类和环境的相互关系有一个新的、敏锐的理解；另一方面是通过教育培养出消除污染、保护环境以及维护高质量环境所需要的各种专业人员。环境教育的实施原则包含，整体性、终身教育、科际整合、主动参与解决问题、世界观与乡土观的均衡，永续发展与国际合作。

环境教育的模式

1.多学科模式

也称渗透式模式，即将环境教育内容渗透到各门学科之中，通过各门学科课程化整为零地实施环境教育。这种课程模式，便于将环境领域的各方面内容分门别类，使学习者在各学科的学习中获得相应的知识、技能和情感，无需专门的师资和时间，教育成本较低。但是，由于环境教育内容分散，课程的综合评价较难，教育效果有时也不是很理想。

2.跨学科模式

又称单一学科课程模式，即从各学科中选取有关环境科学的概念、内容合为一体，组成一门独立课程。这样设置课程，能够一定程度弥补多学科课程模式中内容零散、缺乏系统的不足，使教育更富针对性与系统性，也利于课程的综合评价。然而，这就必须投入相应的人力和物力，往往还会增加学习者的负担。

环境教育的发展

随着经济社会的发展，人类的生产能力不断提高，规模不断扩大，致使许多自然资源被过度利用，生态环境日益恶化。面对全球日

益严重的环境问题，国际社会达成了共识：通过宣传和教育，提高人们的环境意识，是保护和改善环境重要的治本措施。

1972年斯德哥尔摩人类环境会议是全球环境教育运动的发端，会议强调要利用跨学科的方式，在各级正规和非正规教育中、在校内和校外教育中进行环境教育。随后环境教育开始体现在各国政府工作中，并逐渐形成全球性的环境教育行动。

1977年，联合国教科文组织和联合国环境规划署在前苏联的第比利斯召开了政府间环境教育会议。在第比利斯会议上，各国初步意识到环境教育在教育中的重要性，《第比利斯宣言》指出"从其基本性质看，环境教育对更新教育过程可以做出贡献"，还呼吁"要有意识地将对环境的关心、活动及内容引入教育体系之中，并将此措施纳入到教育政策之中"。

第比利斯会议是环境教育发展史上一个里程碑。《第比利斯宣言》突破了环境教育概念以知识为主的特点，明确提出环境教育的目标包括意识、知识、技能、态度和参与五个方面，拓展了环境教育的内容和方法，把环境教育引入了一个更广阔的空间，为全球环境教育的发展构建了基本框架。

1987年世界环境与发展委员会发布了《我们共同的未来》，1992年的地球高峰会议提出了《21世纪议程》，使环境教育成为世界公民必备的通识，也是国际共负的责任。《21世纪议程》是人类大家庭为创建未来可持续发展的行动纲领。《21世纪议程》指出：

> 教育对促进持续发展是非常关键的，它能提高人们对付环境与发展问题的能力，正规和非正规的教育对改变人们的态度都是必要的，使他们有能力估计并表达他们对持续发展的关心。

...

《21世纪议程》提出了环境教育的重要任务：重新确定教育方向，以适应持续发展的需要；提高公众的意识；进行培训等，从而对整个人类社会的环境教育提出了更高的要求。

在联合国1992年环境与发展大会以后，我国很快就制定了环境与发展十大对策，确定实行可持续发展战略，并在世界上率先制定了《中国21世纪议程》。在该议程中写道：

> 加强对受教育者的可持续发展思想的灌输。在小学的《自然》和中学的《地理》等课程中纳入资源、生态、环境和可持续发展内容；在高等学校普遍开设《发展与环境》课程，设立与可持续发展密切相关的研究生专业，如环境学等，将可持续发展思想贯穿于从初等到高等的整个教育过程中。

世界其他国家也纷纷行动起来进行可持续发展的教育，如1993年6月，东南亚国家联盟为持续发展举行了环境教育会议；1993年年9月，

在印度新德里举行了为实现持续发展的环境教育的全球讨论会，等等。

1994年，联合国教科文组织提出"为了可持续性的教育"，要求把环境教育与发展教育、人口教育等相融合，建立了环境、人口和发展项目，即EPD项目，开始将环境教育转向可持续发展的方向。

1997年，联合国教科文组织在希腊的塞萨洛尼基召开会议，确定了"为了可持续性的教育"的理念。这标志着环境教育已不再是仅仅对应环境问题的教育，它与和平、发展及人口等教育相结合，形成了"可持续发展教育"。"可持续发展教育"思想的出现，为"绿色学校"的蓬勃发展提供了坚实的理论基础。

基于世界环境教育发展的趋势，联合国教料文组织在1997年召开了一次世界环境教育培训大会，总结成绩，根据需要确定优先发展的教育领域和教育对策，并在此基础上，制定了21世纪第一个十年的环境教育与培训行动计划。

环境教育的特点

1.全民性

环境教育，从对象上看，是全民教育，具有全民性的特点。因为环境质量的优劣和每一个人的生产活动、生活活动息息相关，没有全民的关心、参与和身体力行，困扰人们的环境问题就难以解决。环境教育应该渗透到人类生活的各种领域：家庭、学校、厂矿、企事业单位等。总之，凡是有人群的地方就应该有环境教育。

2.终身性

环境教育，从时间上看，是终身教育，具有终身性的特点。环境教育的终身性决定它应该是从摇篮到坟墓的教育，应该渗透到人生的各个阶段：婴幼儿、青少年、壮年、老年。

3.全球性

环境教育，从空间上看，是全世界各个国家和地区都在进行的教育，具有全球性的特点。环境问题是一个全球性互相影响的问题，二氧化碳排放量的增加，在地球周围积存构成的温室效应将影响整个地球，其灾难性后果是全球性的。地球只有一个，必须共同关心和爱护人类共同的家园——地球。

4.学际性

环境教育，从内容上看，是各个学科协同进行的综合教育，具有学际性的特点。环境教育的学际性特点是由环境问题的广泛性和综合性特点决定的。环境问题的解决，必须依靠多学科的通力合作才行。所以，环境教育决非某一学科的任务，而是所有学科的共同任务。它不仅包括自然科学各个学科，而且还包括技术科学、数学科学、哲学和社会科学的各个学科。只有这些学科通力协作，环境教育才能取得更好的效果。

与教育环境的关系

教育环境问题是个古老的命题，它是随着古代教育的产生而产生的，对教育环境问题的重视与研究是从学校教育产生之日起就开始了。教育环境与环境教育是既相互区别，又紧密联系的两个不同概念。教育环境是指直接或间接影响人的生存和发展等全部外在世界，而环境教育则是以人类与环境的关系为核心而展开的一种教育活动过程。因二者都是由"教育"和"环境"两个要素构成的复合概念，所以它们之间有着密切的联系。

概括地说，它们之间是目的和手段的关系，即教育环境优化是环境教育的目的，环境教育是教育环境优化的手段。因为教育环境的中心是"人"，环境教育的对象也是"人"，所以"人"是教育环境与环境教育的交叉点和结合点。环境教育是21世纪世界基础教育的热点，作为环境教育目的之一的教育环境问题自然也是21世纪世界基础教育的热点。

培养学生热爱环境的意识

环境教育的重要性

对学生进行环境教育可以从多方面入手，如可以给学生讲解环境知识，可以放环境保护录像片、资料片等。曾经有一部名叫《每分钟发生的环境灾难》的资料片显示当时的数据：世界上每分钟损失耕地40万平方米，每年损失耕地21万平方千米，每分钟有4.8万吨泥沙流入大海，每年流入大海泥沙252亿吨，每分钟有85吨污水排入江河湖海，每分钟有28人死于环境污染。这些资料都显示保护环境刻不容缓。

好动是青少年学生的天性，学生在活动中最容易接受知识和受到教育，因此，丰富多彩的活动也是让学生进一步明确环保重要性、迫切性的有效手段之一。如布置学生收集有关环境保护方面的材料让学生认识我国环境保护标志，了解我国的环保相关的节日，知晓为了法理和保护环境，我国也制定并贯彻了关于环境保护、关于海洋环境、关于防治大气污染等方面的法律等。让学生在活动中增强环保意识，丰富环保知识，从而进行一次认识环境保护的重要性和迫切性和灵活性。

有的同学在学校甬道两旁的树下偶尔地折小树苗玩耍，这样无意中就破坏了珍贵的杨树苗，面对这一情况，解决问题的根本还需让学生了解树木资源的宝贵，应该怎样珍惜每一棵树木，保护植物资源和大自然的环境。学生从中受到了教育，乱折小树苗的现象自然就会消失了。

美丽的大自然是人类共同的财富，每一个人有享受环境美的权利，同时也有保护环境的义务。要带头爱护环境，作出表率。到花坛除草，成立绿色卫士队，齐抓共管，共同爱护一草一木。给学生创设优雅的学习环境，还定时请相关环保人员给学生讲解有关知识。带领学生走出校门，走向社会宣传环保知识，让学生亲自参加环境保护劳动实践。环境教育工作很快就可以初见成效。

学生好动、好奇，富有好胜心，接受新事物快，可塑性强。因此，对他们进行生态环境道德教育尤为重要。通过教育，让他们从小树立生态环境道德意识，提高生态环境道德认识，学会在生态道德实践中正确把握、规范自己的行为，能对他人的生态道德行为作出正确的评价和判断，学会追求善与美、批评恶与丑。

环境教育的方法性

1.化深奥为浅显

将生态环境知识根植于学生心中，生态环境道德知识和相应的生态学知识，对于低年级的学生来说是一个非常抽象而又模糊的概念，而对学生进行生态环境道德知识的传授又是整个生态道德教育的第一环节。

在教学中，教师要尽量使用学生能够理解的浅显语言或者设置利于学生接受、理解的情境让他们明白生态环境的含义。可以运用形象生动、具体鲜明的图片、模拟日常生活环境或电化教学等直观手段，尽可能地为学生提供生动逼真的教学情境，吸引学生的注意力，充分调动学生多种感官参与学习活动，帮助学生理解、记忆，提高他们的学习兴趣和学习效率。学生在学习中亲自演一演、说一说、评一评，加深他们对生态环境道德的体会和认识。

2.多渠道多方法培养

在学生已经获取生态环境道德知识的基础上，培养他们对大自

然的热爱之情和由此产生的对大自然的责任感、使命感及对人们生态道德行为的崇敬之情，是生态环境道德品质形成的重要因素。在教学中，教师要通过多种渠道、采用多种方法，培养学生对大自然的热爱之情。

学校要创设良好的环境氛围，让学生受到熏陶。让学校的每一棵绿树，每一片草地，每一个角落说话。在草地上插上"绿草茵茵，脚下留情！"的警示牌，花园里插上"爱护花草，人人有责！"的宣传牌，楼道的转弯处也设置一些环保警示语，让宣传的氛围遍及任何一个角落。

将环境教育渗透于学科教学之中。例如语文课对涉及描写祖国锦绣河山等课文，采用图片、录像等手段引导学生理解课文，进行情景教学，让学生感悟美、欣赏美，培养学生热爱祖国，热爱家乡的感情，唤起学生热爱环境，保护环境的意识。

可以通过"赞家乡"等主题班会，让学生了解家乡、走进家乡，培养他们热爱家乡、热爱大自然的感情。

3.运用措施增强责任感

在教学中，教师可以利用报刊、图片以及媒体资源介绍破坏生态环境带来的严重后果，让学生在耳目渲染中受到环境道德教育，增强他们保护生态环境的责任感和使命感。

可以用电脑向学生展示由于环境恶化使得大片金色的胡杨林变成了惨不忍睹的枯树林；惨遭杀戮的海豹在北极的冰块上痛苦的翻滚着直到血流尽而死；遭受工业废水破坏的河流上漂浮着数千条死鱼；疯狂的泥石流、沙尘暴……

这不仅使学生在短短一堂课的时间里获得了大量的信息。同时，直观、真实的画面在感观上给学生强烈的刺激，激起他们强烈的社会责任感，这有利于他们投入到保护身边环境的运动中去。

学生环保教育的综合指导

学生是明天的希望，他们是这个世界未来的主人，他们有权利了解他们赖以生存的这个唯一的地球的现状，他们有权利知道他们面临着一个怎样严峻的现实，肩头担负着一个怎样沉重的担子，他们也有责任从现在开始为他们的生存环境而奋斗，让学生参与到环保活动中来是一个势在必行的行动。对学生进行环境保护教育到了刻不容缓的时候。

了解环境保护的重要性迫切性

要想对学生进行环境保护教育，首先要让学生了解环境保护教育

的重要性和迫切性。根据学生的年龄特点，针对这一特点在教育活动中采用一些特定的方法。

1.观看资料提高意识

为了让学生充分了解环境保护的重要性、迫切性，变枯燥乏味的环境保护知识为直观形象，使学生乐于接受。组织学生观赏录像、图片不乏为行之有效的好方法之一。

告诉学生人类赖以生存的空气、水和土地正遭受着严重的破坏，森林资源日益减少，土壤的过分流失沙化……给人类带来了许多灾难。让学生通过看图片，分发一些资料让学生阅读，从中了解环保知识及其重要性。让学生从这些资料的阅读中明白，保护环境刻不容缓，大家必须行动起来，保护我们的家园。

2.利用课堂教育学生

课堂是教育的阵地，教师应该充分利用这个阵地，在学科教学中对学生渗透环境保护意识。晨会课、班队课、思想品德课以及语文、数学等课上都可以利用教材进行环境保护教育。

语文书上有许多课文或描述大自然的奇妙风光，或抒发热爱大自然的情怀，也有一些讲述因不受到保护而消失的自然景观的故事，很多还配有插图，教师可以用这些优美的插图和文字熏陶学生，让他们产生热爱大自然的情感，并引导他们保护生存环境。

课堂进行环境教育并不要占太多时间，一节课只需渗透几分钟，以至两三句话，日积月累就能收到滴水穿石之功。只是如何巧妙"渗透"，费时在备课，需要细水长流。老师要见缝插针，学生利用一切条件，对学生进行环境保护教育。

3.开展活动提倡环保

多开展以环保为主题的专题活动，也是增强学生"保护环境，从我做起"意识的一个十分有效的方法。比如，让学生自编以"保护环境"为主体的手抄报。

学生可以自己搜集并整理一些人类保护环境、破坏环境的做法、故事等，可以自己创作抨击人类破坏环境的行为、展望环境治理光明前景的文章、漫画等。学生在搜集资料、写文画图的过程中，心灵会受到震撼。

当孩子们将自己的手抄报展示出来时，在相互交流的过程中，他们学到的环境知识将得到扩展、补充，环保意识得到增强。

进行环保教育有针对性灵活性

对学生进行环保教育也要有针对性，要符合学生的年龄特点。当今的小学生都是独生子女，聪明活泼同时也好奇调皮，凡事有个新鲜感，例如常常有些同学有事无事地去开水龙头来玩水，这样无意中就浪费了珍贵的水资源，面对这一情况，严厉的批评只能一时奏效，解决问题的根本还需让学生了解水资源的宝贵，对学生进行环境保护教育，于是把环境保护教育有机地结合在课堂教学中。

如在学习完《只有一个地球》一文之后，先让学生谈谈学了课文后的感受，懂得了什么？然后让学生展开讨论，应该怎样珍惜每一滴水，保护水资源和水环境。学生从讨论中受到了教育，玩水龙头的现象也自然消失了。

在环保教育中注意示范性长期性

在学生的心目中，教师的形象是美好的、伟大的，教师在学生心目中有崇高的威望。因此在校园环境保护教育中，教师要充分利用这一优势，身先示范，看见废纸就拾，亲自动手擦洗教室门窗，打扫卫生，教师的身体力行学生都会看在眼里，这种示范性也会潜移默化的影响着学生，慢慢地他们也会积极主动地和老师一起打扫卫生。

制定小学生环境保护行为规范

学校要制定小学生环境保护行为规范条例，做好环保宣传工作，

在学校的宣传阵地和当眼处张贴标语，让学生时时不忘环境的保护，养成环保的习惯。

从小学习环保知识，增强环保意识，树立环保品德，形成良好的环保行为习惯。

节约用水，随时关紧水龙头，别让水长流，提倡一水多用。

节约用电，随手关灯，节省一度电，减少一分污染。

珍惜纸张，就是珍惜森林与河水，提倡重复使用练习本，拒绝接受随处散发的无用宣传品。

珍惜粮食，尊重农民的劳动，珍惜我国有限的耕地。

积极参加植树造林活动，爱护桌椅门窗，保护有限资源。

拒绝使用一次性物品，主动捡拾果皮纸屑，减少垃圾灾难，提倡垃圾分类袋装，集中堆放，防止再次污染。

控制噪音污染，做到轻声、轻步、轻拿、轻放、轻开、轻关。

关心大气质量，负起监测和维护洁净空气的义务。

爱护鸟类，保护野生动物，拒食野生动物，保护脆弱的生物链。

还应把环保教育贯串于日常生活中，带领学生走出校门，走向社会宣传环保知识，让学生亲自参加环境保护劳动实践。

鼓励学生环境保护从我做起

了解了环保知识，激起了环保的责任心，便可引导学生采取切实可行的行动来保护环境。

首先，教育学生保护环境要从我做起。教育学生自己首先必须养成良好的卫生习惯，看到破坏环境的行为要勇敢地站出来制止。用自己的实际行动去感染身边的人，带动周围的人也参与到保护环境的行列中来。

其次，积极开展校外活动。如针对"白色污染"的逼近，开展"我劝妈妈用布袋"的活动，让学生向父母们宣传塑料袋虽方便却增加了垃圾数量，污染了土壤和地下水上百年不能自然降解这一环保知识，劝父母上街购物买菜使用布袋，菜篮不用塑料袋。

再如，成立"禁烟小队"利用学生在家中"小太阳"的地位劝爸爸们禁烟，为了"小太阳"的身体健康，为了孩子的未来，爸爸烟民们定能与心爱的香烟说再见。还有如使用无磷洗衣粉、废电池不能乱扔，少用洗洁净，不用一次性木筷，少用一次性产品，诸如此类的生活琐事都可通过学生这群环保小卫士来监督执行，其效果不可估量。

总之，对学生进行环境保护教育，让他们明白爱护地球、珍惜资源，保护环境，是功在当代利及千秋的大事。学生应该从小增强环保意识，学习、宣传环保知识，自觉保持环境卫生，不做污染环境的事，爱护绿化，积极参加保护环境的公益活动。对学生进行环保教育是教师不容忽视的责任。

加强保护生态环境的教育

　　保护生态环境，促进人类文明是构建和谐社会的重要环节。对学生进行生态与环境启蒙教育，培养学生热爱人类、珍惜生命、崇尚自然、保护环境的观念和意识是十分必要的。

　　生命、环境、生态系统是学生要了解的最基本的概念，认识和理解它们之间的的关系是教育学生树立环境保护意识的的前提。良好的

教学方式和优秀的授课教师决定学生生态与环境教学的重要方面。

教师应以教材为基础，以科普读本为辅，结合开展丰富多彩的课外活动进行生动活泼的生态与环境教育，培养学生热爱人类、珍惜生命、崇尚自然、保护环境的意识。

学生生态与环境教育主要内容

1.生命与生态环境的概念

学生总爱问为什么，特别是对生命与生态、人类与环境等一系列概念非常好奇。因此，教师要用生动、易懂、准确的语言循序渐进地向学生讲授生命、生态环境等概念，同时注意启发学生的联想能力，有助于加强理解与记忆。

如"生命"的概念，首先要告诉学生：生命就是活着的生物，包括人类、动物、植物和微生物。生物一旦死了就失去了生命。学生可能会联想和发问：生物为什么会失去生命？它与环境有什么关系？

这样就可以给学生讲授生物赖以生存的自然环境，如光、热、水、气；山、川、江、河；日、月、星、晨；海洋、土地、森林、草原等环境要素以及生命与环境是怎么样构成了一个生态系统等。由此不仅向学生讲述了基本概念而且初步了解了它们之间的有机联系，起

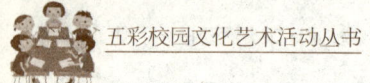

到良好的教学效果。

2.人类与生态环境的关系

要使学生清晰人类与环境、生命与生态相互作用、相互影响的关系，一定要用大量的自然现象引导小学生去理解。

如葵花为什么总是向着太阳、树叶为什么秋天会变红；青蛙为什么是保护庄稼的益虫，细菌是怎样侵入人体的；人为什么要呼吸新鲜空气等。

通过这些常见的自然现象讲授人与自然的关系和它们是怎样构成一个相对平衡的生态系统，以及人和自然环境各要素的相互作用和影响。使学生对生命、环境和生态有一个清晰初步的认识，从而激发他们热爱生命的感情，增加保护环境的意识。

3.保护生态环境的重要意义

保护生态环境是一大系统工程，是一个大课题。对小学生来说，需要重点了解一些知识。

一是所有的生命都是生态系统中的组成部分，所有的动物、植物和微生物都是人类的朋友，都有对人类有利的方面。不利于人类的方面有时也可以转化为有利方面。

二是地球只有一个。各种资源是有限的，如水资源、土地资源、矿产资源、石油资源都是不可再生的资源。要教育学生从小树立节约资源的意识。

三是各种资源不仅稀少而且在生态系统中被重复循环利用。要教育学生明白保护环境的道理，树立保护环境的意识。

4.保护环境应人人有责

环境保护的相关法规环境保护关系到每个人的切身利益，是一个社会问题，引起全社会的高度重视。全世界各国都立法保护环境。我国的相关法律法规有很多。教育学生不仅要自觉遵纪守法，而且做好义务宣传员，为保护环境做出自己小小贡献。

学生生态与环境教育主要方法

挖掘、深化、讲活教材小学教材中有关生物和环境的题材大致有两类，一类是直接描述生物与环境的，如《太阳》、《沙漠之舟》、《只有一个地球》等。

另一类是借助生物现象抒发情感的，如《种一片太阳花》、《三月桃花水》等。无论是哪种类型的题材，授课教师都要熟透课文，挖掘内容，深化内涵，讲活教材。使教材在原有的基础上生动地体现生态与环境的外延和内涵，让学生得到意外的收获。

引导学生阅读科普读本教师要结合授课内容因势利导，给学生推荐一些有关生物环境方面的科普小读本，如《对与错—小学生动脑科普读物》《海洋为什么是蓝的？》《拥抱科学》等。增强学生学习生物环境方面知识的浓厚兴趣。

组织通俗易懂的专题讲座教师或者有关方面的专家，如退休农艺师、工程师等做一些有关生物与环境方面的专题讲座，也可以组织学生开展科普读本故事会，交流学习心得，启发想象力，激发学习热情。

如小学生都喜欢看电影《阿凡达》，但他们只喜欢其情节，不可能完全能理解其意义，授课教师就要不失时机地给学生讲解其意义，增加学生的理解能力。

开展丰富多彩的课外活动。根据学生的年龄特点，组织他们去参观动物园、生态园、气象站，天文台等，有条件的还可以江河边、森林旁、沙漠、草原去感受大自然的风光和力量。或者组织小学生参加植树造林活动和园林苗圃的义务劳动，在劳动中增加生物知识和环保意识。还可以教学生做一些简单的科普小实验，通过实验增加有益健康的乐趣和知识。把感情的概念逐步转化成理性的认识。

引导学生树立环保意识的措施

教师要发挥学生的主体性，通过参观使学生树立环保意识。例如，教给学生环保知识，同时带学生到公园等美化环境好的地方参观，让学生体验美化环境带来的美好享受，使学生明白为什么要保护环境，然后指导学生怎样保护环境，从而提高学生的环保意识。

1.教师要以身为范

在校园环境保护教育中，教师要以身作则。在校园中看见废纸就拾，亲自动手打扫卫生，学生就主动加入这一行列，积极打扫。把环保教育贯串于日常生活中，经常带学生到分担区打扫卫生，成立绿色小卫士队，齐抓共管，共同爱护一草一木。让学生亲自参加环境保护劳动实践。

2.培养学生环保行为

环境意识提高了，就要将意识转化为环保行为，这才是进行环保教育的目的。环保教育需要通过学生的亲身体验来提高其对保护环境的能力。因此，要通过具体的环保行为影响学生。如教师可倡导学生捡废纸，给校园内的小树浇水，收集废旧物品，利用废旧物品进行模型制作……这些看似芝麻绿豆的小事，却能让学生不知不觉地增强环保的意识。

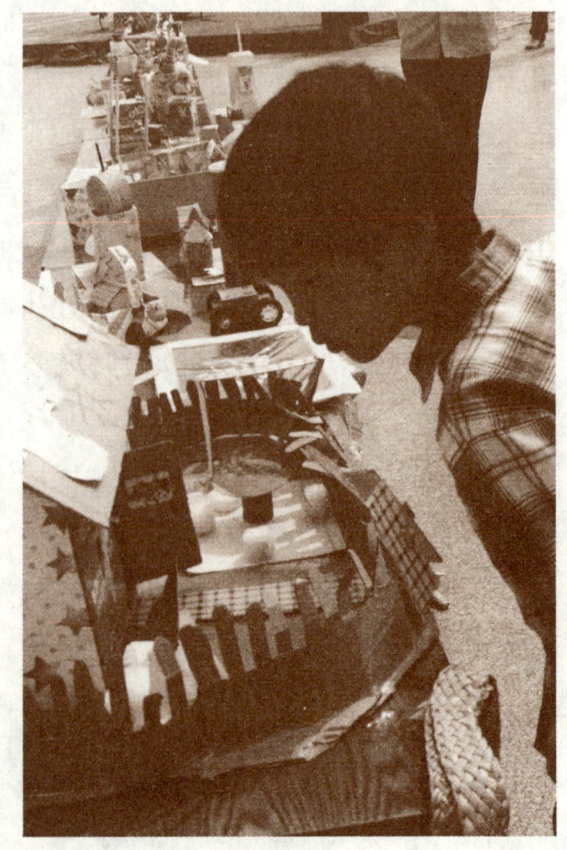

3.组织参加环保活动

学生喜欢参加活动，教师

可以把环保教育精心组织设计到各种活动中，在活动中培养学生环保意识，对学生进行环保教育，这样就能收到事半功倍的效果。

比如，开展《地球妈妈真烦恼》，布置学生收集有关环境保护方面的材料，采用知识竞赛的方法让学生认识中国环境保护标志，了解3月12日植树节，4月22日地球日，6月5日世界环境日，我国也制定并贯彻了《环境保护法》等；开展主题活动《热爱地球妈妈》、《水与我们人类的关系》等，让学生在活动中增强环保意识，丰富环保知识，从而进一步认识环境保护的重要性和迫切性。

总之，对学生进行环境教育是一项任重而道远的工作，应该从小学生抓起，让他们从小就树立环保意识，让他们在美丽的环境中健康成长。要让他们明白爱护地球、珍惜资源，保护环境，是功在当代利及千秋的大事。

学生应该从小增强环保意识，学习、宣传环保知识，自觉保持环境卫生，不做污染环境的事，爱护绿化，积极参加保护环境的公益活动。

教师生态环境教育注意事项

授课教师本身要热爱环境保护。这样他才有热情和激情去教育学生，引动学生，并通过自身行为去影响学生，身教胜于言教。

授课教师要具备一定的生态环境知识。俗话说：学生一碗水老师一桶水。授课教师一定要认识学习生态环境相关知识，才能旁征博引，深入浅出，生动活泼地授好课。

授课教师要注意收集环境保护素材。授课教师要注意收集相关资料，特别是发生在身边的或众所周知的等重大事件来丰富教课内容，这样可以让学生亲身感受或体会深刻。

日常教学中渗透环保思想

    地球是人类共同的家园，"环境问题"关系到人类未来的命运。每一个公民都应具有环境保护的意识，学生正是培养环保意识的关键时期，环境教育应重点从未成年人抓起。在各学科日常教学中渗透环保教育，具有很强的影响力和教育作用。

思想政治课

1.培养环保意识

    通过心理品德教育，培养学生集体主义观念，让学生明白爱清洁、讲卫生、爱护公物、爱护学校的花草树木也是爱集体做主人的一种表现。使学生在思想上认识到环保的重要性，从而形成良好的个人

习惯。

通过的法制教育，培养学生的环境法制观念，使学生通过所观所感认识到滥砍滥伐、乱排废气废水等，对环境的影响及由此承担的法律责任，这样既可在学生思想上形成保护环境的观念又可落实到具体行动上，使学生能自觉同破坏环境的行为作斗争。

通过国情教育，培养学生的忧患意识，让学生通过对初级阶段国情的了解，明确我国改革开放以来的大好形势，同时认识到人类面临严峻的环境问题。环境问题的实质是人的问题，而要做到人口、资源、环境的可持续发展就要从自己做起，从现在做起。

2.在教学中渗透

在教学过程中积极挖掘环境教育因素，结合本学科教学内容对学生进行环境教育。凡教材中涉及人口、资源、城市、土地、古迹等蕴含环境教育的因素，都要结合课堂教学进行环境教育，激发学生热爱自然，热爱环境的情感。结合教材相关知识挖掘本地所蕴含的环境教育因素，引导学生研究环保方面的课题。

改进教学方法，做到有机、有理，提高环境教育的实效。注意学生的身心发展规律，在渗透环保知识教学时，以培养理性的分析和认识能力为主，逐步使他们掌握一些解决环境问题的技能和方法。

注意科学性，避免为环境教育而进行环境教育，导致教育内容的随意性和牵强附会。注意处理好渗透环境教育与学科教学目标达成的关系，不主次颠倒，注意课内外结合，在学科教学中渗透环境教育的同时，适当把教育向课外延伸，做到"渗于课内，寓于课外"。

如课内渗透了防治噪声的内容，课外就可要求学生对市区的噪声进行调查，并撰写出调查报告，向有关部门提出，引起有关部门的关注。

3.开展课外实践

专题讲座。可开设"保护我们的生命之源——水资源状况及对

策"等活动课专题讲座主讲者以本校政治教师为主也可聘请一些学生家长。

参观调查。组织学生进行社会性参观调查，并要求学生撰写相关调查报告。在组织学生开展研究性学习过程中，引导学生运用调查研究的方法，了解环境的现状和解决问题的方法，接受生动的教育。

纪念活动。利用各种环境相关的纪念日进行教育作用，活动课中组织学生配合社会开展一定的活动，向周围的人宣传环保知识，可使学生在教育他人的同时教育自己，也可强化对课本中环保知识的理解。

模拟场景。活动课中通过模拟角色扮演来培养学生的环境意识和实际运用能力和解决问题能力。如学生扮演原告、被告和律师，围绕"池塘被污染"的事件进行庭审等。

征文比赛。学习完环境保护内容后，组织学生进行环保方面的征文，如"我看保护环境零点行动"、"环境保护与我"等，可进一步提高学生、保护环境的自觉性。

4.教育与行为结合

严格训练。无论是在课堂教学中，还是在学校活动中对学生的行为习惯提出明确的要求，包括学生在爱护环境、卫生习惯等方面应养成的习惯。

（1）环境熏陶。加强校园文化环境建设，利用活动课结合学科中的知识让学生动手制作各种标语牌，如："请手下留情，爱护一花一草"、"爱护花草树木，就是爱护我们人类"等，警示学生要学会做人，学会爱护环境。

（2）师德垂范。"学高为师，身正为范"，在环境教育中，思想政治课教师要以身作则，以高尚的爱护环境的行为在学生中树立威信，深刻认识身教重于言教的真谛，给学生树立榜样。

语文教学

1、从教材中挖掘环保资源

小学语文教材中，有着丰富而广泛的环保教育资源。如正面揭示的有《走，我们去植树》、《春光染绿我们双脚》、《沙漠中的绿洲》等，这些文章明眼人一看就可信手拈来，直接将教材内容与环保教育"挂上钩"，有的放矢地对学生进行环保意识的培养和环保知识的教育，根本没有画蛇添足之嫌。而有些教学素材是隐性的，蕴含在课文中的环保内容有如地下的宝藏，有待于教师深入挖掘。如《特殊的葬礼》、《天鹅的故事》、《生命桥》等，都蕴含了很多环保方面的因素。除了这些"课本资源"外，无处不在的社会资源和生活资源，以及课堂上经常出现的"生成资源"，也为教师进行环境教育提供了丰富的素材。

所以，在教学过程中，教师必须深入理解编者的编排意图，深刻挖掘环保教育因素，有意识地把语文教学和环境教育有机地结合起来，春雨润物般地在传授语文知识的同时对学生进行环保意识的渗透，使学生尽可能地从书本、课堂教学的主渠道获得环境保护的知识，从而自觉地维护生态环境。

2.在课堂内体现环保教育

语文课堂是融入环保教育的主阵地，但这并不意味着一节课四十分钟的时间都时时刻刻谈"环保"，这样可能会适得其反。其实，课堂进行环境教育并不要占太多时间，一节课只需渗透几分钟，以至两三句话，日积月累就能收到滴水穿石之功。只是如何巧妙"渗透"费时在备课，需要细水长流。

（1）巧用插图，唤起环保意识。插图是刺激学生多方面感觉的有利资源，教师应活用插图，引导学生用"心"去观察、去联想。例如利用《九寨沟》的插图进行多媒体教学，引导学生观察高耸入云的雪

峰、色彩斑斓的大小湖泊、古木参天的原始森林、高低错落的平湖瀑布。当学生初步形成印象之后，美丽的插图在学生中所唤起的感觉，会产生一种愉悦之情，这种审美体验，慢慢地沉淀为有益的营养，继而使其产生保护美丽大自然的愿望。

此时，教师适时引导学生：在地球上，除了九寨沟的美景外，还有广袤的草原、浩瀚的森林，还有沟壑纵横的田野、熙熙攘攘的城镇、马达轰鸣的工厂和矿山……他们会由衷地感叹：古老、慈爱的地球，像母亲一样养育了千万种生命，她宽容、忍耐，为人类无私地奉献了一切。既然人类的生活离不开自然环境，那么学生就应该从小做起，从自己身边事做起，爱护环境，美化环境，做一名环境保护的小卫士。

（2）激发环保危机感和责任感。在语文教学中，除了可以对学生进行正面环境教育外，还可通过对比，使学生产生环保危机感，增强环保责任感和使命感，从而自觉地维护生态环境。

如在教学《特殊的葬礼》时，打破教材的顺序，引导学生将大瀑布的昨天和今天放在一起交流。在谈瀑布"雄伟壮观"时，随着学生的介绍，大家可以一起欣赏昔日雄伟的大瀑布。在此设计角色体验："如果你就是一名游客，看着眼前的美景，你会怎样赞美它"？在谈瀑布"逐渐枯竭"时，可以观看图片，然后又一次进行角色体验："如果，你就是一位慕名而来的游客，看到这样的瀑布，会说什么呢"？

这样通过文本内容的对比、图片的对比、音乐的对比，就使学生在心理上产生了强烈的感觉落差，让学生更深刻地体会到瀑布消失的那种惋惜之情，而且这都是人类一手造成的。"如果我们人类再不反思再不收手，消失的仅仅是一条大瀑布吗"？以这样一个引人深思的问题牵引学生进入拓展环节的学习。

学生打开网页观看"环保资料"，这些例子和画面都强烈地冲击着学生的视觉、听觉，使学生的心灵和情感都产生了强烈的震撼，此时，学生的情感已不再是对塞特凯达斯瀑布的悲痛，而是升华到关心整个人类的未来和命运，并产生了要保护环境的强烈责任感和紧迫感。

（3）增强环保的愿望。在语文教学中，凭借重点语句的分析、朗读把学生引入优美的景色之中，激活学生的想象，将语言文字所描述的内容转化为具体、鲜明、生动的画面，显现在学生的脑海里，使学生如闻其声、如临其境，从而受到形象的感染，激起情感的共鸣，不知不觉地在自己幼小的心灵中播下热爱大自然的种子。

如学习《九寨沟》、《沙漠中的绿洲》、《美丽的丹顶鹤》、《白鹭》、《春光染绿我们双脚》等课文时，通过分析、朗读课文中的重点语句，特别是有感情地朗读，能与文章产生共鸣，能陶冶学生思想情操，还能收到良好的环保教育效果。

所以在教学时，要指导学生欣赏描写美丽大自然的优美语句，并用赞美和喜爱的语气读出自己对大自然、对祖国壮丽山河的热爱之情，同时唤起学生对大自然、对祖国的热爱，进而增强他们保护好生态环境和自然资源的美好愿望。

3.在课堂外强化环保意识

对学生进行环境教育，除了在课堂上精于渗透外，教师还应该抓住时机，由课内延伸到课外，结合课文内容开展一些环保小活动，以促进环境意识的增强。

如在《美丽的丹顶鹤》的课外实践活动中，可以请学生查查资料，看看我国还有哪些珍稀动物，它们有什么特点。学生可以找图片，也可以摘抄有关文字介绍，然后在班级中举行一次"珍稀动物展"。

学生通过各种图片和资料，可以知道我国还有大熊猫、扬子鳄、东北虎等珍稀动物，了解它们的生活习性，感受到人类决不能随意地

捕猎它们，必须给予它们良好的生存环境，要不然这些珍稀动物，乃至其它的有益动物，最终将从地球上消失。

英语学科

1.课堂教学中培养学生爱护环境情感

英语教材教学内容包含很多与日常生活息息双关的素材，与学习实际十分接近、密切联系的信息。

如英语教材的What's for dinner？正餐吃什么？很明显，从题目就知道吃饭的时候会出现rice米，noodles面条，bread面包，carrot红萝卜，egg鸡蛋，sausage香肠，meat肉，chicken鸡肉，fish鱼肉，banana香蕉，vegetable蔬菜，这一系列的单词的教学包含从植物到动物制作出来的食物。

为了让学生更容易理解到这些食物跟环境保护的重要性，可以先用power point制作包含多个页面的课件。首先呈现在学生面前的是一桌丰富饭菜的晚餐。随着按钮的转动，页面的出现的一张空空的、剩下

几个黑黑的馒头的饭桌。怎么会这样呢？

学生开始讨论，跟着页面再转动，出现的就是一幅不忍目睹的画面：田地里河床干枯、秧苗枯萎，山上剩下光秃秃的树干，黑褐色的河里飘浮着一条条发臭的鱼，一只只干瘦没神的猪和牛在草地里饥荒地觅吃，而田里的草都又黄又干，田地不远的工厂正在排放着又黑又臭又有毒的工业废水，高高的烟筒上排放的黑烟把天空都染的灰蒙蒙、雾茫茫的一片。

归纳结果：环境污染、水土流失以及生活污水的排放造成水污染，使大自然的生态环境遭受破坏，导致生活需品短缺，生活困难。让这些年纪小小的学生在激烈的讨论过程中都表现得义愤填膺，纷纷表示为了美好的家园、美满的生活，一定要爱护环境，阻止一切破坏环境的行为。在这种受保护的环境和被破坏的环境教学中不但提高了学生的学习兴趣，还增长了学生爱护环境的意识，从而有助于教学目标的达成，真可以说是一石二鸟。

2.校园环境中营造爱护环境氛围

精心布置校园，学校要营造一个全方位的视读环境，让爱护环境的英语学习活动从课堂延伸到整个校园，把学生的接受性语言技能从课堂内走向课堂外。在校园内的公众场所和植物园力所能及的用英语标上植物名称或者爱护环境、爱护绿化、注重环保的中英对照的劝告语和标语牌：

如在草坪的篱笆边标上：Don't step on me, I'm your good friend! 或者Keep off the Grass的标语牌、在教学大楼的楼梯的Entrance和Exit的墙壁上用有机玻璃板标上：No spitting; Keep clean; 在厕所的洗手盘边标上：Hand on me before you leave, don't let me cry! ；还有在学校的植物园所有花草树木都用中英标上名称……还有在学校墙报、黑板报、宣传橱窗等公众场所都向师生发布的通知、公告、决定

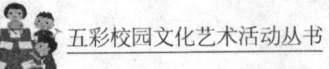

一律用中英两种文字。

这样和谐、轻松、民主的校园氛围的营造，激活学生的学习英语的热情，坚定学生学习英语的意志，进而形成积极的爱护环境，保护环境的动机；把学生对英语学习的内在心理需要调动起来，调节师生关系，增进情感交流的同时增进师生爱护环境的意识。

3.课外活动中增强学生爱护环境意识

学科课外活动是学生学习知识的一个有效延伸，更可以培养学生创造与合作精神的重要手段。在英语教学中，有效的利用课外活动能促进学生环境教育意识的形成。

举办手抄报、剪贴报、看图写话比赛、看图说话比赛、情景对话比赛等一系列学科比赛活动的传统。通过举办手抄报这种含有环保的主题的学科课外活动，可以让学生充分发挥联想，利用废弃的旧年历、旧挂历来构思、绘画丰富多彩的、图文并茂的环保内容。学生为了编辑制作一幅自己满意的手抄报，往往会用心思去查阅汉英词典、电子词典或者电脑上的金山汉译软件，用英语为这些图片标注解说。

这样促使学生在活动中提高了自己的语言自学能力、手抄报的排版编辑能力、图片绘画能力。同时在高年级还举办英语课本剧比赛或情景对话比赛：以环境内容为主，开展英语环保话剧比赛；结合学校环保宣传活动，还可以举办利用废纸、塑料袋子剪贴粘制的环保时装秀；通过学生利用废报纸和塑料袋子做成各种服装进行展示的活动，认识了废弃物品循环再用的好处，从而提高利用废物的能力和手工制作能力。

这样通过一系列自己亲力亲为的动手操作的学科活动，加深了学生对环境保护的了解、增强了环保意识。学校可以还组织野外远足，通过参观自然生态园，尽可能地了解物种多样性，培养对平衡生态的热爱之情。

通过郊游、采访、绘画、调查这些活动，既激发了学生热爱自然的热情，增强了学生的环保意识，又有效地培养了学生良好的行为习惯，形成了良好的环保素养，从而使环保教育成为人类自身与自然关系的一项具有深远意义的战略转变。

在英语教学活动中，只要教师具有环境教育的理念，在教育教学充分挖掘教材内容与环境教育之间的联系，利用两者之间的结合点，找准切入点。

努力做个环保有心人，使学生的环保意识得到进一步提高，为英语教学和培养学生的环境素质添砖加瓦。只要教师持之以恒，始终做个有心人，那么环境教育这项工程就充满了生机！开展环境教育就是：一个老师影响一个学生，一个学生影响一个家庭，一个家庭影响一个社区。

地理教学

1.提高环保意识

首先，培养学生的环境保护意识，培养学生初步形成科学的环境观、资源观，使学生深深懂得地球是人类的家园，把自己置身于大自然之中，成为大自然的一员，而不是大自然的主宰。地理教学应使学生认识到：大自然给人类提供了赖以生存的土地、阳光、空气和水以及广袤的空间和活动场所离开了环境人类将无法生存。

为此，必须向只顾眼前利益、不惜破坏自然资源、严重损害环境的行为作斗争。防范和制止滥伐森林、滥垦草原、过度放牧、无节制地占用农田和抽取地下水，对矿产资源采富弃贫，滥采滥用，造成全球性的气候恶化、土地沙化、地面下沉、耕地减少、淡水资源短缺等严重的威胁人类生存和发展的现象发生。

为了人类的可持续发展，从而让学生产生一种危机感和责任感，自觉地运用科学的环境观、资源观处理生活、指导工作。地理教学中

还应该促使学生建立科学的人口观，并认识到人类自身的增长要和资源、环境相协调，从而自觉地宣传和执行党的人口政策。

资源的短缺和枯竭、环境的污染和退化问题已出现。如果环境的承载量受到的压力过大，生态系统破坏，就有失去平衡导致恶性循环的危险。

科学的环境观、资源观、人口观和可持续发展观应该从小培养，首先要让学生了解当前环境问题的严重性，增强对环境的忧患意识，树立保护环境的强烈责任感和使命感。

要让学生懂得当前人类正面临着人口剧增、资源过度消耗、环境严重污染、生态平衡遭到破坏、温室效应加剧、臭氧层出现空洞等一系列问题的困扰，这些环境问题不仅严重影响着经济的可持续发展和人民生活水平的提高，而且直接威胁到人类的健康和生存。

认识到保护环境就是保护人类本身。并引导学生深入理解人与环境的对立和统一的关系，分析环境问题产生的具体原因及解决环境问题的方法和途径，增强解决环境问题的参与意识，达到具有理性的环境行为。一方面，按自然规律办事；另一方面，设法提高人类自身的科学技术水平，主动地去协调人类与地理环境的关系，努力促成人类与地理环境关系的统一，走可持续发展的道路。

2.教学中渗透

以课堂为主阵地，将环境意识渗透到知识教学中去，课堂教学是老师向学生传授基础知识及基本技能的主要场所，怎么利用课堂这个主阵地向学生渗透环境意识呢？

首先，老师要努力挖掘教材，把握教材中渗透点。地理学科在环境教育中的作用是非常重要的，现行高中地理课本从人类和地理环境的关系着眼，交给学生有关地理环境的基础知识，从而使学生对如何利用环境、改造环境和保护环境、趋利避害，使地理环境向着更有利

于人类生产和生活的方面发展有一个基本的了解和认识。整个课本知识体系是以地球的宇宙环境为开端，最后又归结到人类和环境的关系上去。环境教育和可持续发展的观点，贯穿于整个教材的始终。

正在使用的地理新材更是以人口、资源、环境与可持续发展作为自己的知识体系。课本中以宇宙环境、大气环境、海洋环境、陆地环境等四大环境取代了传统的四大圈层；从人类利用资源和环境创造物质财富，到人类面临的全球性环境问题与可持续发展，阐述了自然环境不仅为人类提供了活动场所，也为人类的生活和发展提供了物质基础。

通过学习，要使学生认识到：如果人类以可持续发展的观点支配自己的行动，则生态、经济、社会等都可以朝着协调、与和谐的方向发展。老师要以丰富多样的教学方法生动形象地通过课堂教学把环境意识渗透到学生的思想中去。

环境教育重在培养学生的环境意识，养成良好的环保行为习惯，而不是专业技术教育，所以教学方法应由传统的灌输式教学转为启发

的探究式教学，教学中应该充分引用现代教学手段来加强学生的感性认识，也可以在课前让学生充分利用网络收集各种环保资料，在课堂上组织学生讨论，这样可以充分发挥学生的主动性。

此外，老师还可以收集各种环境污染的实例和数据用于教学，这样既能使课堂气氛活跃，同时又由于实例的生动有趣和数据的触目惊心而使学生留下深刻印象，从而达到增强学生环境意识的目的。

3.开展实践活动

开展课外的实践活动，将环境意识渗透到整个社会中去，除了课堂教学这个主阵地以外，第二课堂的活动也是进行环境教育的好场所，在利用好课堂教学进行环境教育的同时，应结合地理学科特点，积极组织学生开展课外活动，在活动中渗透环境意识。

平时可根据学校实际情况开展丰富多彩的课外活动，如请环保专家到学校作环境科学的专题讲座，普及环境保护知识，组织以环境保护为内容的主题班会和以环保内容为主的知识竞赛，使学生在潜移默化中接受教育。在寒暑假中组织学生进行社会调查，参观学习，同时组织学生写好环保小论文，可能会取得很好的效果。

比如，在学生中进行"废旧电池对环境的污染和处理现状调查"，通过活动深切地让学生体会到环境的重要性。更让学生认识到环境保护需要从我做起，从小事做起，保护环境就是保护人类本身。还可以组织学生调查附近的工厂、小河、垃圾处理场、生活小区等，当他们看到污浊的河水、遍地的垃圾、工厂排出的废气、公路上的尘埃，自然就会明白环境保护的重要性，并自觉行动起来，保护环境。

对于高中的学生可以成立课外实验小组和宣传小组，可以使学生深刻地体会到环境污染对生物和人类所带来的危害，从而增强他们的环境意识。而宣传小组则可以利用节假日走向社会，通过手抄报、黑板报以及演讲等形式向公众宣传有关环保的政策条文、法律法规，使环境意识渗透到整个社会中去。

4.其他宣传手段

地理学是一门自然科学，与人类有着千丝万缕的联系，如自然资源的利用、可持续发展、生物生存的空间环境等都是学生感兴趣的内容，再加上在这个信息技术高速发展的社会，各种媒体如电视、报刊杂志、网络到处都充斥着有关生物与环境的话题。

作为中学地理教师除了在课堂内外渗透环境意识以外，还应该充分利用这些媒体资源作好环保宣传，具体的作法是定期地举办环保为专题的黑板报或手抄报比赛，也可以在一些与环保的有关的日子里，如水日、环境日、卫生日、地球日等举办保护环境的专题讨论会或演讲比赛，这样在活动中学生会主动地去从各种媒体中摄取与环保的关的知识，这往往比被动地接受要有效得多，从而大大提高学生的环境意识。

总之，地理学科所具有的特殊性和研究对象，使它在环境教育中具有其他学科无法代替的优势，在当前学校环境教育普遍展开之时，地理教师应该责无旁贷，积极投身，尽己之长为环境教育作出力所能及的贡献。

化学教学

1.在化学教育中培养环境意识的内容

环境意识是指环境在人脑中的反映，即人们对全部环境即自然环境和人为环境，包括生态、经济、政治、社会、技术、立法、文化、美学等方面的认识或见解。环境意识是环境行为的先导，影响和指导着人们的行为准则和规范。提高学生环境意识是环境教育的核心，对防止环境恶化和促进可持续发展具有深远的意义。

化学是研究物质的组成、结构、性质及变化规律的科学，而环境的污染、环境质量的优劣与环境中各种元素和化合物的含量、组成结

构、性质以及它们的变化直接相联系。化学教学内容为培养学生的环境意识提供了丰富的素材，化学的研究方法也为环境意识的培养提供了有效途径。

（1）环境忧患意识。领悟人与自然和谐相处的重大意义，环境教育首先要使学生对环境保护的重要性、必要性和紧迫性有清醒的认识。环境危机意识是环境教育最适宜的切入点。全球的多数环境问题，其中有多项都可用化学知识来分析说明，使学生了解环境问题的前因后果及相应的解决办法，让学生了解、关注这些问题以达到培养学生的环境忧患意识的目的。

如高一年级化学教学中结合卤素知识介绍臭氧层空洞，结合二氧化硫性质介绍酸雨，结合氮的氧化物性质介绍城市环境污染；高二年级化学教学中结合高分子聚合物介绍"白色污染"；高三年级化学教学中结合电解、电镀介绍水体污染。针对这些污染问题让学生思考："人类过去对自然的掠夺般的行为方式造成了今天的恶果，人类破坏自然，自然也必然会报复人类，人类应与自然和谐相处"的道理。

（2）可持续发展意识。可持续发展的思想如今已成为人们的共识，是解决当前环境问题的一个指导思想。可持续发展包括持续生态、持续经济和持续社会三方面内容。主张人类应与自然和谐相处；主张建立在保护地球自然系统基础上的持续经济增长，做到发展与资源环境的承载力相协调；主张公平分配，以满足当代和后代全体人民的基本需求。

可持续发展是我国的一项基本国策，现在的学生是祖国的未来，有必要掌握这一对人类社会发展有重大影响的指导思想。教师在教学中紧密结合教材内容对学生进行可持续发展观的教育，使之学习这一思想理论，培养其"可持续发展"的价值观，并对其相应的态度、行为习惯的养成也起到积极的作用。

学校要注意从资源问题入手使学生领会可持续发展理论，在教学中增加资源利用及资源状况方面的介绍。教师通过元素化合物性质、用途、制法的教学，培养学生的可持续发展的价值观。

可持续发展的价值观，即对未来负责，做到考虑代际间的公平，从后代的角度考虑当代人的行为；认识到真正的生活质量，体现在解决物质贫困问题的同时，应解决精神的贫困和生态的贫困。公平，它包括人类与非生物界、国家与地区间及代际之间的公平。培养学生环境问题的价值观和态度，将有利于指导和规范学生的环境行为，是学生环境行为的先导和动力，是培养可持续发展意识的关键点。

通过元素化合物的性质和用途，让学生辩证地认识到它们既有有利的一面又有不利的一面，让学生用批判性思维来考虑这些物质的使用会给世界带来哪些影响。如磷元素是植物生长的营养元素，含磷化合物进入水体，少量促进植物生长，过量则使水中植物疯长，引起水体富营养化，造成水体变黑、变臭。

我国生产的洗衣粉大多为含磷洗衣粉，它们的大量使用是造成水

体污染的重要原因之一，而水体污染严重影响了人类的生存与发展。再有，结合一些重要化工原料的工业制法，引导学生用可持续发展的价值观来分析这些传统工业，强调在生产过程中要注意资源的利用率，降低能耗，并进行"三废"的合理回收和再利用。

利用实验教学培养学生可持续发展的态度和行为。实验是化学教学的重要环节，也是进行环境教育的极好时机。实验需要使用各种试剂，会排出相当数量的成分复杂的废物、废水、废渣，它们不仅对实验室环境构成一定威胁，也对周围环境构成一定危害。

教师在实验教学时要强调按用量使用药品，以减少污染物的排放量；规定要将实验废弃物放到统一地点，统一回收处理。在实验前讲明道理，使学生自觉规范自己的行为。教师对实验操作坚持严格要求，同时也注意让学生进行实验操作的设计，发挥其主体性。

注意从法制的角度对学生进行"可持续发展"意识的教育，在教学中利用渗透的方式，结合知识点，让学生知法、守法、用法。如讲二氧化硫、硫酸时介绍《大气污染防治法》，讲水泥的工业制法及钢铁冶炼方法时，介绍《固体废物污染防治法》，讲电解电镀时介绍《水污染防治法》，通过有关法律法规的介绍增强学生的环境意识。

2.发挥教师在环境教育中的主导作用

教师本人的环境意识、环境知识和环保技能以及环境教育能力的水平是提高学生环境意识的关键。积极开展关于环境教育内容和方法的研究，积极与国家环保宣教中心联系，请他们对学校的环境教育工作进行指导。搜集关于环境的小故事，以及一些重大的环境事件、环保法规，等等，根据化学教学内容，结合知识点，将这些素材分类整理，编辑成适合课堂教学的《教师环境教育课堂教学参考资料集》。资料的编辑可以丰富教学内容，进一步激发学生学习的积极性，培养学生的环境意识。

3.充分发挥学生的主体参与作用

环境教育从学生切身问题入手，抓住时机灌输环境意识，能给学生留下深刻印象。比如，针对许多学生家庭住房条件得到很大改善，正在进行或即将进行室内装修的现实情况，教师可以组织学生开展"室内装修会遇到哪些环境污染问题"的专题调查活动。学生自由组合编成小组，自编调查问卷，自己跑市场了解家居装修材料性质，到图书馆查找文献资料，撰写调查报告。通过活动的开展，学生了解到许多环境知识，如地面装修选用大理石会增加氡污染，墙面漆的使用会挥发出甲醛、三氯甲烷等影响身体健康的有机物。

通过调查，学生还可以提出计多减少室内空气污染的办法，如尽量少用中国传统的爆炒做菜方式，以减少油烟的排放量；做菜过程始终开动抽油烟机，以减少燃烧过程产生的CO_2、CO、NO_2等有害物在空气中的含量；室内禁止吸烟；注意家电的电磁波污染，等等。总之，活动的开展可以大大提高学生的环保意识。

高中无机化学部分主要以元素族为单元进行授课，每当学完一个单元，让学生搜集这一族元素化合物在环境问题方面的有关知识和信息，在所组织的"环境沙龙"中进行信息交流，开展问题讨论。如学完卤素单元，学生们可以利用课余时间找资料，在交流会上向大家介绍氟的化合物氟立昂破坏臭氧层的原理等。

生物教学

在生物课堂教学中渗透或进行环境教育有着得天独厚的优势。生物生存于自然环境，依赖于自然环境，是生态环境的一个组成部分。生物在适应自然环境的同时，也影响和改变着自然环境，生物与自然环境是不可分割的统一体。生物学习中涉及到许多与环境保护相关的知识内容，为环境教育打下良好基础。

1.学习环保知识，树立环保意识

环境问题主要源自人类对自然资源和生态环境的不合理利用和破坏，而这些损害破坏环境的行为与人们缺乏对环境的正确认识密切相关的。观念支配行动，环境保护的行动源自学生良好的环境知识和保护环境的意识。新课程生物学教材提出了以"人与生物圈"为主线的课程体系，有助于学生正确认识环境问题的现状，学习解决环境问题的知识和观念，树立正确的环保意识，使学生的行为与环境相和。

通过对"生物圈""生态系统""生物对环境的适应和影响""生物圈是最大的生态系统"的学习，使学生认识到，生态系统是生物与环境相互作用的一个整体，成员之间相互依存，相互影响。人类的活动对生物圈的影响常常是全球性的，人类的许多活动影响着生物圈，使生物圈面临危机。

这样学生就明确了人类在生物圈中的地位和作用，理解了人必须与生物圈和谐共处的道理。通过"绿色植物通过光合作用制造有机物""绿色植物与生物圈中的碳—氧平衡""爱护植被，绿化祖国"的学习，学生认识到绿色植物光合作用的重要意义，光合作用为包括人类在内的所有动物的生存提供物质来源和能量来源；是生物圈中所有能量的最终来源；维持了大气中氧气和二氧化碳的含量保持相对稳定。学生可以意识到爱护植被、绿化祖国的重要意义。

教材中的"分析人类活动破坏生态环境的实例"、"探究环境污染对生物的影响"、"拟定保护生态环境的计划"，几乎就是环境保护的专题教育：学生了解到森林遭到严重滥伐；野生动物被捕杀，鸟类种类日益减少；太湖污染美丽不再重现；生物入侵的危害；探究酸雨对生物的影响、废电池对生物的影响；认识温室效应和臭氧层破坏给环境带来的危害；拟定保护当地生态环境的计划，等等。

通过学习，学生们对环境保护可以有更深刻的感性认识和理性认识，环保意识会有很大的提高，并且很快落实到日常生活行为中去。

2.养成良好习惯，做到环保生活

保护环境，只靠宣传是不够的，学生的环保知识和环保意识要转变为学生良好的环保行为，成为学生生活和学习中的自觉行为，才是环境教育的目的。学生良好的环保行为和习惯不是与生俱来的，尤其是正确的环境行为习惯，更是在后天的社会生活和教育中，在教师家长的指导和影响下逐渐形成和发展起来的，需要一个较长的过程。

有的学校教育向学生传递的更多的是不能和不要去做什么，如不要损坏树木，不要破坏绿化，不要伤害动物，不要随地吐痰，不要损坏公物，等等。很少具体地教会学生正确的行为方式，如何去做。在生物教学中进行环境教育时，在传授环保知识，树立环保意识的同时，更突出生活学习中应该怎么去做，什么行为方式是环保的、正确的。

如随地吐痰是十分令人厌恶的，是令许多人无法忍受的。在学习《人体的呼吸》一节内容时，提到不能随地吐痰。在《传染病》的学习中，讲到呼吸道传染病传播的途径，也会说到不能随地吐痰。

通过学习相关的生物知识，学生知道了呼吸道对吸入的空气有清洁作用，被呼吸道阻拦的细菌和有害物就形成痰和鼻涕等，随地吐痰将会散布细菌等病原体而传播疾病，污染环境。但学生虽然知道不能随地吐痰，不知道如何正确处理吐痰。有的家长和老师从来没有教过如何去做，这令学生很困惑。

在教学中教给学生具体的做法是：每天早上洗嗽时对口腔喉咙鼻腔做一次较全面的清理，以尽量减少吐痰的机会。出门时随身携带手帕，遇感冒要咳嗽吐痰或流涕时，将痰吐在手帕里放进口袋，回家后处理或放进垃圾桶。如周围没有垃圾桶，用过的纸手帕不能乱丢，先装口袋里，找到垃圾桶后再放入。应该说这是一个人人都会做的文明而环保的行为，但以前很少有人这样去做。

为了更好地去保护动物，教师要教育学生应该做到爱护动物和它们赖以生存的环境，不随意向动物扔杂物，不打鸟，不捕捉青蛙和蛇等野生动物，不吃野味，不购买野生动物及利用野生动物制成的商品，不贩卖野生动物，注意保护野生动物及其赖以生存的环境，积极主动参加有关动物保护活动，宣传动物保护和环境保护知识，说服并劝阻破坏生态环境的行为，必要时寻求新闻媒体支援和法律支持。

在爱护花草树木的过程中，学生应做到：不攀花折枝，爱护树木，不破坏绿化，保护草地，不使用纸制贺卡，多发电子邮件或短信，节约纸张，双面打印文件，废纸回收利用，不使用一次性木筷子，进行保护树木爱护绿化的宣传，积极参加植树活动，劝阻和制止乱砍古树名木、破坏绿化的行为。

多使用布袋或竹篮购物，不使用一次性难降解塑料袋和塑料餐盒，减少白色污染，正确处理废旧电池，尤其是污染性极大的纽扣电池，保护水资源，节约用水，如使用节水型抽水马桶，洗淋浴而不用浴缸，也不到公共浴室洗汤浴，减少或不用自来水洗车，推广污水处理和水的循环利用，关注当地水体污染状况，及时发现举报对水体造成严重污染的造纸、冶金、化工等生产企业，减少水污染。

使用节能环保型冰箱、空调，减少使用空调次数和时间，以保护大气中的臭氧层。关注大气污染，出门多坐公交汽车，多骑车或步行，减少机动车尾气的排放，降低温室效应，等等。

3.关注环境问题，促进持续发展

环境教育必须让学生走出学校，走向社会，让所有的人都行动起来，加入到环境保护的行列中来。这就要求学生不仅要自己有良好的环保行为，而且要关注社会，关注当前发生和存在的污染环境的重大事件，北方的沙尘暴，艾滋病，洪水与厄尔尼诺现象等重大事件，积极参与这些事件的探索讨论，关注本身就是一种更高层次的行为。目

前全球的野生动物种类正以前所未有的速度在减少，日益消亡。

学会在关注中学会思维，辩证地看待每一件事，正确处理和保持人与自然环境之间和谐的关系。环境教育的目的在于使学生认识到地球上生命之间的相互依存关系，认识到人类自身的活动与决策在现在和将来对资源、对当地社会，对全球以及对整个环境所造成的影响，从而自觉树立与环境、社会和谐共存的生存和发展观。

总之，环境教育是对中学生进行素质教育的重要内容。环境意识是科学意识，也是道德意识、文明意识。中学生正处在人生观、世界观、价值观形成的重要阶段，对学生进行环境教育的目的并不是培养从事环保的技能，主要是通过传授环境知识，培养学生保护环境的意识、态度和价值观，提高环保责任感。树立正确的生存观、发展观，进而使其形成与环境和谐共存的行为模式。

NO2.校园环保社团建立及管理

校园环保社团的建立条件

指导思想

在成立环保社团时要很认真地分析自己的兴趣和关注，分析自己所处环境的特点，建立社团自己的特色和品牌。在成立社团时，要了解自己，了解本地环境、经济和文化的特点，这样才能有多样性，才能生根发芽。社团有了向心力，社团成员才能对环保活动有足够的热情和信心。

学生可以问自己："我身边有哪些突出的环境问题？我最关注的是什么环境问题？我为什么关注它？我想改变什么？我能从哪里开始？我真的做好准备投入我的时间和精力了吗"？

社团成员有强烈的认同感对成立和持续发展学生环保社团是至关

重要的。

建立目标

校园环保社团是为了让更多学生了解环境问题、了解环境保护、提高环保意识。

要知道，学生环保社团的资源和能力都是有限的。因此，最好能在制定目标时有较强的针对性，这样有助于指导各类活动的开展和制定发展策略，使有限的社团资源有的放矢。

环境问题包括温室效应、生物多样性减少、臭氧层破坏、资源过渡开发、沙漠化、各类污染和人口、政策、文化对环境的影响，等等。而环境保护又涉及政策、法律、技术、经济、意识和国际贸易等不同领域。面对如此广泛的领域，学校环保要有清晰地定位。

作为一个志愿者环保组织，成员实现一定环保目标的成就感和成员的个人创造力得到发挥的成就感是激发成员不断努力的精神动力。所以社团制定的目标是否恰当与社团未来的发展有着非常密切的关系。

社团目标的制定需要社团成员的共同参与和头脑风暴。有了社团目标是第一步，用好社团目标是一个挑战也是一个机会。

为了更好发挥社团目标的作用，要做到很多的工作。宣传它，不错过任何一个可以宣传社团目标的机会；使用它，鼓励、支持社团成员围绕社团目标创意和实施活动；评估它，参照社团目标对社团活动进行评估和调整；感谢它，认可社团目标对提高成员归属感和成就感的作用。

宣传社团

"巧妇难为无米之炊"，社团实现其目标的首要资源和财富是社团成员。因此，很多社团都会在新生入学后不久展开校园招兵买马大战，社团有时也因为某项活动的需要在其他时间招收"特种兵"。

虽然招新是一个社团不断往复的常规活动，但一点也不能轻视

它。招新的原因不单是老会员走了，更重要的原因是社团的活动需要有新人来继续和创新。因此，招新前首先要围绕社团目标分析社团需要，了解社团需要招什么样的人，要招多少？他们来社团要做什么？负责招新的同学对这些问题的答案越清楚，就越有机会召到社团需要的新人。

发布招聘信息的渠道主要有海报、学校广播站、校报和互联网，同时也可以在人流量大的地方"摆桌设点"，如果能配合社团活动图片展招新效果会更好。此外，开展演讲和讲座等活动作为辅助宣传也很有帮助。

人员招聘

招聘材料的内容主要包括三部分：社团介绍、报名表、一至两句精彩的话。

社团介绍包括社团目标、社团可能取得或已经取得的成果和新会员可能要参与的活动。

报名表的主要内容包含：申请人基本情况介绍，如姓名、年级、电话、传呼、手机、电子邮件、业余爱好和特长等；申请人为什么希望加入××社团；什么时间、在哪里把填好的申请表交给谁？申请人最迟在什么时间得到社团答复？

报名表最好不要设计成表格式的，这样既利于申请人发挥，有利于社团考察申请人的文字组织能力和申请态度。

无论采用哪些方式发布招新消息，如果社团有自己的网站，而且网站内容令人满意的话，一定要记住宣传社团网址。报名表也可以采取发电子邮件的方式反馈给社团，这样有利于社团建立电子版的人力资源库。

在招新材料中突出一至两句精彩的话，告诉大家"××社团的吸引力在哪里"。这种吸引力可以是一种社团文化、一个好的项目计

划、一个成功的故事或一个竞选机会。招新不是招得越多越好，找到了志同道合者才是真正的成功。

建立流程

学校新社团的建立一般都要遵循一定的流程。各学校情况不同，建立社团的流程可能稍有变动。

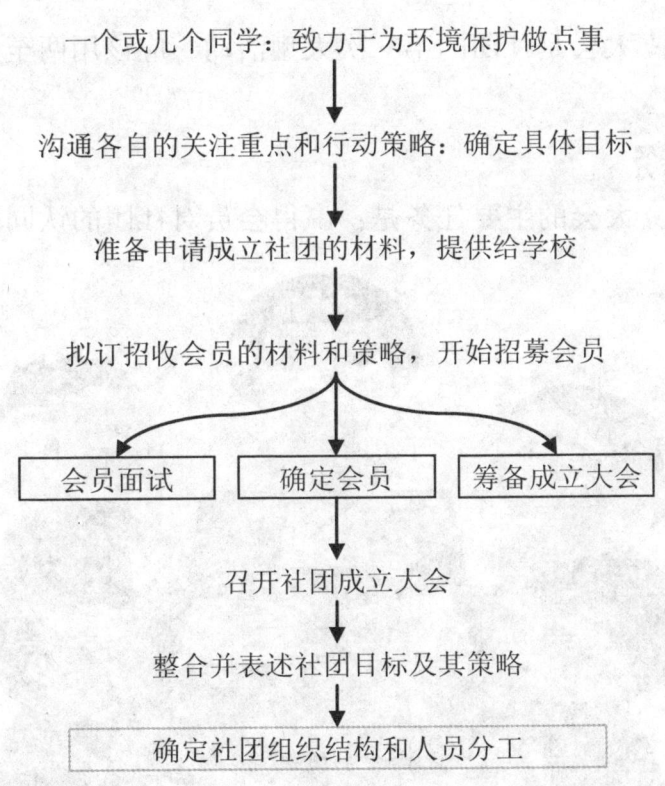

一个或几个同学：致力于为环境保护做点事

↓

沟通各自的关注重点和行动策略：确定具体目标

↓

准备申请成立社团的材料，提供给学校

↓

拟订招收会员的材料和策略，开始招募会员

↓

| 会员面试 | 确定会员 | 筹备成立大会 |

↓

召开社团成立大会

↓

整合并表述社团目标及其策略

↓

确定社团组织结构和人员分工

校园环保社团的成立大会

　　社团成立大会是社团的第一次大型活动，应该用两至三周时间仔细规划。

主要任务

　　社团成立大会的主要任务是：赢得会员对社团的认同感和参与热

情，让大家有信心、有兴趣为实现社团目标而做点什么。

会员的信心来自发挥自己的特长和及时得到大家的认可与鼓励，会员的兴趣来自一种认同和参与。当一个人觉得这件事的成败与自己有关时，他的参与兴趣会得到激发。

因此，社团成立大会一定要，有感召力、有参与性。如果成立大会上只有几个创建社团的同学在唱独脚戏的话，新会员对社团的参与热情和兴趣就会降低很多。因此，一定要想办法提高社团成立大会的参与性。

经验建议

1.时间和地点

筹备成立大会，首先是选择时间和地点。选择时间是一定要避免与其它大型活动冲突，如球赛。选择开会地点时，首先预估计一下可能的到会人数，然后保守地选择座位数比实际需要稍少的地方。"满座能制造一种让人激动的氛围"。没有什么比成立大会现场空位芸芸更糟糕了。此外，最好能选择座椅可移动的场所开会，这样大家可以围成圈就坐。

2.介绍与分享

如果经费许可，准备一点饮料或小食品会给大家带来好情绪。可以去某食品公司争取一些食品赞助，在社团成立大会上与大家分享，这是个鼓舞人心的开始！

另外，确保会议按时开始和结束。要让大家相信，这个社团是一个可以很好利用他人时间的团体。

在社团成立大会上，让每个人有机会自我介绍非常重要。如果人太多，则可以分成小组来介绍。将自我介绍与一些小游戏结合起来将使气氛很快活跃起来。此外，还需要收集参加会议的每一个人的姓名、电话和电子邮件。

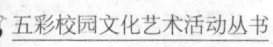

3.活跃气氛

为了活跃会议气氛，促进新会员的交流，可以准备几个小游戏，如"猜猜看"这个游戏。游戏规则是让三个互不认识会员组成一个组。首先请一个人讲述三件与自己有关的真事，其中两件是真的，一件是假的。另外两个人分别来猜猜看哪个是真的，哪个是假的。知道正确答案后，再请其另一个人开始。最后，看看在整个会场，有没有哪个组是全部都互相猜对的？如果有，请给他们以掌声鼓励！

4.会议内容

社团成立筹备组的一个同学要在社团成立大会上做简短发言，最好在五至十分钟内完成。作为新成立的社团，要特别强调"a group is what people make it"。如果已经有一些关于社团活动和发展的想法，可以在这个时候谈谈。但是，最好以建议的口气提出，而非指令式的。让每个人觉得他在一定程度上参与了决策，将会增加他的归属感。一旦人们觉得被排除在外或被忽略，他们很快就会情绪低落并一去不返。

5.会后总结

在会议结束前商定下次开会的时间。如果保持非常活跃的状态，最好每周大家见面一次。如果希望平和一些，每周两次见面比较合适。如果间隔太长，可以肯定地说，社团很难做太多事。

商定下一会议时间时，最好用建议式提问，即"下次我们在××时间开会，可以吗？"如果采用提问式，如"下次我们什么时间再开会？"来商定，将花去很长时间也难有结果。

现在，已经有了一个团队，下一步就是建立高效、民主的团队组织结构，将大家的热情转化为实际的行动。

校园环保社团的组织结构

确定社团的组织结构是件非常难的事。一个好社团有一些基本的特征，各学校根据自身情况可以进行参考。

一个好的社团应该通过某种方式的管理和运作，达到下面几点：能够制定恰当的目标；能够始终围绕目标，开展活动；民主、创新的氛围；积极接纳新成员的加盟；鼓励成员有着不同观点；让每个人都觉得可以很舒服地发言、提出新的建议或项目；对新的问题和情况有积极反馈；鼓励并帮助会员成为自信的人；帮助会员获得环境保护的意识、知识和一定的技能。

环保社团组织结构

传统的社团组织结构一般设有：设有会长、副会长、办公室、宣传部、外联部和活动部等。

这种组织模式强调在开展的活动时的全体参与，但实际上往往是只有少数社团成员在忙里忙外。

社团的组织结构因社团目标等多种因素的影响而具有多样性，没有什么适合所有社团情况的所谓的最好的组织结构。

在这里，推荐一种可供选择的社团组织结构，即建立以项目负责制为基础的动态协作社团，它强调学习、合作、关心及责任感。以项目负责制为基础的社团里，社团活动不再是临时打造出来的，它是结合社团的目标和外部条件量身定做的社团自己的项目。

此外，社团目标和社团项目都会随着社团不同的发展阶段和社团的外部环境的变化而有所不同。

社团成员主要分工

在社团刚成立的时候，可能一个人要承担多种角色，但随着社团项目的扩大，需要不断增加协调人，使各位成员能在各自时间允许范围内到达最好的发挥。

1.会长

拓展社团的多渠道合作关系；协调和帮助社团项目的顺利实施和不断改进；确保社团项目的发展与社团目标一致；了解和协调社团整体的发展动态，召集社团会议，共同制定社团年度工作计划和完成社团的年度总结，并将计划和总结提交给社团指导老师或社团理事会。

2.项目协调人

负责召集项目成员共同制定项目实施计划、控制项目进程、组织

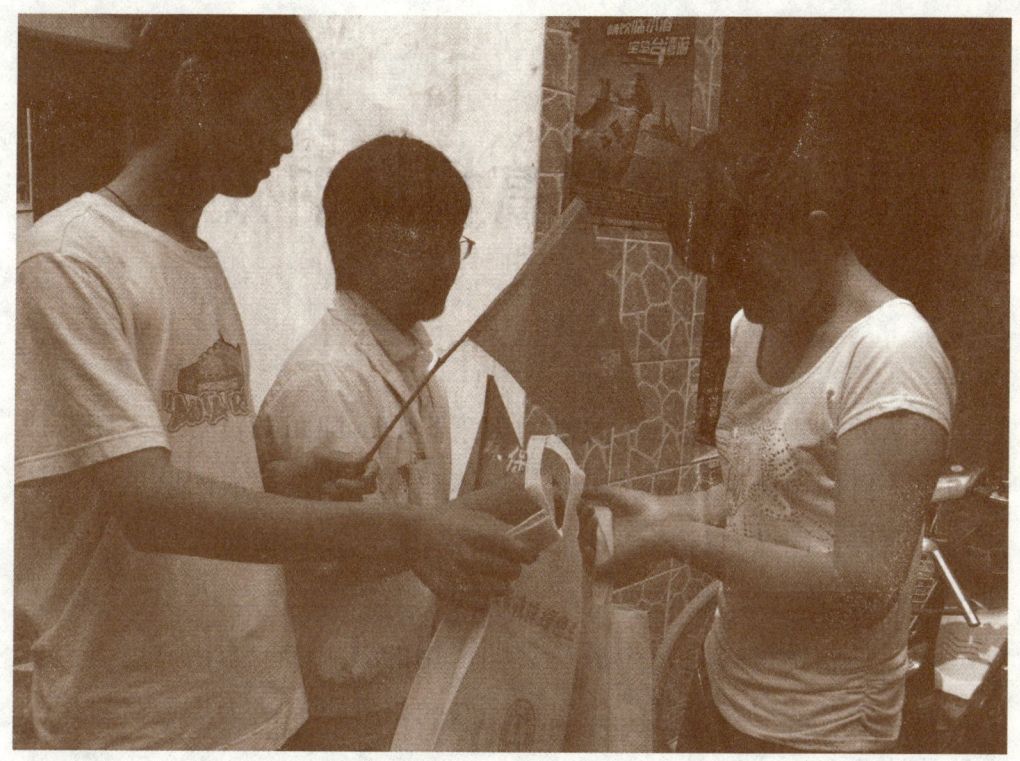

项目成员评估和改进项目；项目协调人也是该项目的对外发言人。当然，如果能使项目的其他成员愿意参与项目的对外发言也很好，这样学生都可以培养与公众和媒体打交道的能力。

3.财务协调人

管理社团经费并定期提交社团经费使用报告及建议。

4.外联协调人

建立、发展并保持社团与其它组织、机构和媒体的关系。

5.信息协调人

搜集、整理来自项目和外联的各类社团资料；维护社团网站。

社团的核心成员要鼓励其它成员的信心和兴趣，让他们愿意表达自己的观点并采取行动。

环保社团提高团队的效率

　　团队的整理配合受三个关键的因素影响，即团队负责人，团队成员和团队目标。团队目标的明确、具体和可量化是促成团队成员整体配合的前提，团队目标不清楚，就好像一辆汽车在忙着穿梭于大街小巷，但不知道终点在哪里。

　　团队的整体配合是每个成员共同作用的结果。一个由志愿者组成的团队，榜样的作用尤其不能忽视，好的榜样可以成为志愿者携手共进的精神动力。

　　不论是协会的负责人，核心会员还是普通会员，一定不要低估个人自身的言行对整个团队的影响，对团队目标的影响。

团队成员的考核

　　下面的表格是特意为团队成员认识自己而设计的，它将帮助学生了解自己的长处和需要改进地方，成为一名出色的团队成员。

作为团队成员	评估你自己的行为 （在相应的栏里打√）			
总是要：	较差	一般	好	很好
1、准时				
2、提问				

内容				
3、完成安排的工作				
4、分享你的知识和技能				
5、分享荣誉				
6、说"谢谢"				
7、自我更新				
8、诚实				
9、集中精力于自己的任务				
10、尊重其他成员				
11、知道团队的目标				
12、坦言自己的压力或任务过重				
13、履行承诺				
14、当众表扬人，私下批评人				
15、把问题和困难看做机会				
16、对你的伙伴说："做得真棒！"				
17、评估自己在团队中的表现				
18、做点有趣的事				
19、许诺你不能办到的事				
20、说"那不是我的事"				
21、向别人抱怨团队和团队成员				
22、自我吹嘘				
23、没有得到团队同意的情况下，以团队名义许诺什么				

回答完上面的问题后，请再看看哪些是自己做的很好和比较好的地方，给自己一个鼓励和一份信心。

学生可以看看哪些是自己需要改进的地方，给自己一个目标，一

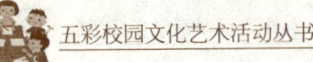

份憧憬！

增强团队凝聚力

1.培训会员

对会员做一些培训对拓展社团的人力资源非常重要。培训可以是讲座的形式，也可以是圆桌会议、经验交流会、野营等形式。可以邀请一些有经验的老会员或者一些有社团管理经验的老师做系列培训，以专题形式开展，每一次可以选择一到两个专题，像"如何与新闻媒体打交道？"、"如何与人相处？""项目设计、实施和评估？"、"野外活动的安全要素"、"当地主要的环保组织有那些？"、"目前我们身边的主要环境问题"、"大学生环保的误区？"，等等。

实际上，只有将知识和技能培训与社团实际工作结合起来，会员培训才有意义。因此，要有意识地让会员承担具体的任务。在会员准备完成具体任务时，提供有针对性的建议和信息是很有帮助的。

2.联系会员

与会员保持经常的联系是很重要的。无论社团组织什么样的活动，都要设法通知到每一个会员，都要给会员参与和提建议的机会。不能让会员因为不知道社团的活动或者被忽视从而退出社团。

3、鼓励会员

一有机会就表示出对会员的欣赏并感谢会员对社团发展所做的努力和贡献，这将是对会员提高工作热情的最大鼓励。

比如，开Party庆贺会员的生日，给会员写推荐信到与自身社团保持好关系的厂家或单位参加实践，把会员参加社团活动的照片张贴在海报栏内并赞扬他们所做的贡献，直呼会员的名字，对会员参加会议或活动表示感谢，倾听会员们的想法和建议，保持私人与会员的友好关系等等。总之，要让会员感觉到自己是重要的、有潜力的。

4.明确责任

在做活动计划的时候，确定会员在这次活动中所扮演的角色和承担什么样的责任是非常重要的。召开活动动员会，把开展这次活动所要实现的目标，有哪些工作和任务要完成告知会员，会员根据自己的兴趣选择不同的小组，并愿意承担什么样的责任。在此基础上，可确定项目的负责人、协调人、不同任务小组的负责人及成员。明确每个人应承但的责任和完成的任务，接下来要给他们完成任务所需技能的培训。

5.自由民主

环保社团志愿者的团队，民主、透明、互助、包容、不断改进是志愿者期待的团队氛围，也是志愿者发挥创造力的必要氛围。团队成员，特别是核心成员对新成员的包容性和积极鼓励，会使团队的整合性更强。

此外，让会员承担恰当的责任，帮助他取得一些看得见的成效，并积极肯定这份成效，既利于团队氛围的形成，也利于会员建立自信。另一方面，要避免使一个人承担过多的责任。

学生的时间是有限的，做得太多，难免有做不好或做不了的，这样既耽误社团项目的开展，又会影响某个学生的自信心。通过社团活动，帮助社团成员建立自信也是团队的重要目标之一。团队成员的自信与团队的创新和发展密不可分。

提高会议效率

在召开社团会议时，一定要坚持"在有限的时间内，首先解决核心问题"这一原则。这里有一些需要注意的问题。

1.通知会议时间、地点和议题

安排会议召开的时间也是有选择的，并不是随随变变定一个时间。会议的时间应该选在大部分人都能参加的时候，一般来说，白天大部分人都有功课要做，会议通常选在晚上，但也不能太晚。如果时

间选在周末的话，周日的下午比较合适。会议的时间最好不要超过1.5小时。

开会的地点选在比较安静、有适量空间和容易找到的地方，最好是有可以移动的桌椅以便大家围成一圈进行交流。

开会前让大家知道会议的主要议题和本次会议的协调人很重要，它让参会者在参加会议前有机会做些准备。

2.会议协调人

会议协调人非常重要，他要保证会议围绕议题顺利进行。会议协调人的责任是保证会议动态积极地召开，平衡参加会议人员间的发言。协调人要避免会议被某个人主导，协调大家的发言，鼓励每个人都开口说话，也鼓励每个人认真思考和倾听别人的发言。

协调人要观察有无会员被冷落，或者话题偏离主题，协调人自己不应该有许多观点，更不能有太强的表现欲从而支配会议。协调人要想法使害羞的会员开口，使话太多的人有所收敛。

如果一个好的想法、观点被忽略的时候，协调人就要提醒大家重新注意这个问题。如果讨论某个问题陷入了僵局，协调人要提示大家会后分组讨论，接着进行下一个话题。如果有许多人同时举手发言，协调人要记下他们的名字，按顺序让他们发言。如果讨论时，由于观点不同引发争执时，协调人要提醒大家保持冷静，互相尊重。每次开会可以由不同的成员担当会议协调人，让大家感受不同角色的区别，从而为帮助提高会议效率。

3.会议时间协调人

负责会议按时开始和结束。

4.会议记录员

留下参加会议的人的签名，地址和联系方式；把会议上大家的发言和讨论问题的结果记录下来，总结并存档。

5.扼要的开场白

协调人简单介绍一下出席会议的人员组成、召开这次会议的目的以及会议要解决的主要问题，并做一下自我介绍。

6.关于交流

最有效的交流基于谈话者的互相信任和互相尊重。

不要打断别人；认真听别人在讲什么，并思考对方所讲的内容。不要只是在想自己下面要说什么；如果别人已经说了你想说的，就不要再重复；如果你有想法一定要讲出来，不要不好意思。观点无对错；即使认为别人的发言很无聊，也要表示尊重，不能在团队里攻击或伤害某个人；以合作的态度而不是敌对的态度进行讨论，这样所有成员才会为了共同的目标达成一致意见并采取行动。

校园环保社团的对外合作

与新闻媒体合作

社团与媒体的成功合作会树立社团成员的信心，提高社团的知名度，从而也为社团活动的筹款带来机会。

新闻媒体可归结为两种最基本的类型，印刷媒体，报社、杂志和网站和广播媒体，电台和电视台。

1.建立关系

社团要很好地与媒体建立关系，有多种方式。

（1）挖掘人才，积极挑选合适的社团对外协调人。对外协调人需要有社交型性格、良好的表达能力、诚信守时的工作态度和团队合作意识。但最重要的是他喜欢对外联络的工作。

此外，如果是来自新闻和中文专业的就更好，社团的外联工作对其职业发展也是一种锻炼，同时他们往往有较多的师哥师姐在媒体工作，便于取得第一步的沟通。社团对外协调人可能是一个人，也可能是一个团队，其规模根据社团发展程度而不同。

（2）搜集本地记者的信息。社团对外协调人一旦责任在身，就要开始积极的行动，而不是等社团有什么活动需要联络记者时才开始想办法。

因此，要充分利用平时的机会，了解当地主要媒体中有哪些记者对环境类新闻和大学生新闻有比较多的报道；有意识地搜集和记录当

地媒体人士的联络方式；可以通过互联网，登录当地某报纸的电子版主页，录入"环境"、"大学生"、"污染"和"社团"等检索词查阅相关报道，并获得该报道的记者姓名。

此外，另一种很有效的方法是主动去参加其它社团和组织进行的记者招待会。在招待会上，主动向记者介绍自己，并交换名片。同时，也学习和总结别人组织记者招待会的经验与不足，为以后社团自己的记者招待会积累经验。

2.保持关系

尽量减少社团对外协调人的更换频率。如果不得不更换对外协调人，最好能提前做好准备，让有经验的外联协调人培训新的外联协调人，包括要一起工作一段时间、介绍外联的技巧和一些主要的记者认识等。

记住不能向记者许诺一些社团无法完成的事，不要让记者对社团的能力表示怀疑，一定要注重信誉，保持诚实。建立良好的关系需要很长的时间和不断的努力，而不幸的是，很小的失误就可以很快地中断这种关系。

在一些特定的节日，可向记者打一个电话，写一封信，寄一些社团自制的纪念品或发一封电子贺卡对他们的支持表示感谢。

与政府部门建立联系

学生社团在开展活动时，要充分开发和利用有关政府部门的支持。

1.保局和省环保局的宣教中心

每年的地球日和环境日，宣教中心都会组织各类活动。根据社团情况，可以主动与宣教中心联系，联合开展活动。宣教中心一般还有较多的宣传漫画、环保录像和介绍当地环境问题的小册子。社团可以借来一用，在校内或社团开展活动。社团还可以主动提出与宣教中心联合，制作环保漫画宣传手册和身边环保指南等资料。

宣教中心也负责当地中、小学绿色学校的评审和挂牌工作。因此，可以通过宣教中心与当地的绿色学校建立联系。现在，有越来越多的小学开始重视对小学生的环境教育工作，学生社团可以在这个领域发挥积极作用。

此外，社团也可以建议与宣教中心联合开展一些问卷调查的工作，了解社区居民对食品安全、绿色消费等问题的理解度和关注度。

2.省环境学会

省环境学会是隶属于省环保局的一个会员制的组织。环境学会的成员一般来自省内环境保护领域的专家、学者。环境学会包括不同的分委会，如固体废弃物分委会、水污染防治分委会、大气污染防治分委会、环境教育分委会、环境监测分委会等。

社团可以主动去省环境学会，一方面介绍社团，一方面获取一

些省内主要专家的联系方式。在社团举办讲座、沙龙和专题项目的时候，社团可以联系这些专家，得到技术支持和信息支持。

3.省林业厅

省林业厅的野生动物保护处和野生动物保护协会等部门在社团开展野生动物保护宣传，自然保护区的社区调研和宣教活动时有很大的合作空间。

除了上述部门，根据社团所在学校的特点和社团的项目目标，社团在开展活动时可能要接触到的部门领域还有农业、渔业、医药、交通和城市规划等。

与国内民间环保团体合作

为了更好地与国内民间环保团体合作，学生环保社团需要对国内民间环保团体的整体状况进行了解。

中国民间环保团体为普通公众参与环保创建了一个难得的平台，为提高公众环境意识发挥了非常积极的作用。整体状况可以说是起步晚、注册难、经费少，另一方面，国内民间环保团体又在积极确定自己更为明确的发展方向和探索效率更高的管理模式。

学生环保社团与国内民间团体的合作是一种"优势互补，互相帮助"的关系。"包容、理解和诚信"是成功建立这种合组关系的基础，也是中国民间环保力量的不断壮大的需要。

与国际环保组织的合作

有的国际环保组织在北京、昆明等地设立了办公室，开展湿地保护、生物多样性保护和环境教育等工作。如世界自然基金会、美国大自然保护协会和根与芽项目等。

有的国际环保组织没有在中国设立办事处，而是通过在中国的合作伙伴支持一些环保项目和基层环保组织的发展。

通过上面的介绍，可以看到越来越多的国际环保组织开始支持国内

学生环保社团的活动和发展。这些国际组织支持社团的模式一般都是：

提出项目→评审项目→实施项目→总结项目

如果社团想要获得国际组织的项目支持，就必须提高社团设计项目、实施项目和总结项目的能力，其中也包括经费预算和管理的能力，团队合作的能力等。

因此，通过参与国际组织支持的项目对社团综合能力的提高和人才培养都有帮助。社团综合能力的提高，对社团拓展其它项目和寻求国内企业和组织的支持也有很大帮助。

与其他学生社团的合作

1.与校内社团合作

在校内，环保协会与其他学生协会的合作空间非常大，也容易得到学校的支持，是环保协会值得花精力努力拓展的一项合作。

一方面，环保协会与演讲协会、计算机协会、读书协会、花木协会、青年志愿者协会、摄影协会、户外运动协会等社团的合作，是

一个非常好的"双赢"合作。这种合作的基础在于环境问题影响每个人，环境保护需要更多人理解和参与；另一方面，非环协同学参与环境保护能提高他们的环境意识。

在学校里，积极参与各种社团活动的同学往往比较活跃，社团活动的辐射面也很广泛，因此，学生环保社团可以有意识地主动参与一些校内其他社团的活动，并将环保的理念融入其他社团的活动中，也给其他社团的活动带来一些新意，培养一些对环境保护有兴趣的同学。例如与计算机协会合作开展环保动画设计比赛，与演讲协会合作开展人与自然的讨论，与摄影协会开展"留住这一刻，看校内环境和学生行为的美与丑"，与户外运动协会合作引入"户外活动—不留痕迹"的理念和一些具体做法。

当环保社团自己开展活动的时候，也可以有意识地邀请其它社团的同学参加，而不仅仅是自己社团的会员来参加，如植树活动、校园环保周活动等。

2.与校外环保社团合作

学生是个流动性很强的群体，他们来自全国各地，师兄、师姐毕业后又走向全国各地，而且不少学生与其它学校的老乡和高中同学保持着很好联系，这些已经建立的关系对学生环保社团开展跨校、跨省合作提供了不少方便。

NO3.校园环保社社团活动指导

校园环保活动策划书概述

策划书分类

目前社团项目大致可分为四种类型，学习型、宣传型、保护型和研究型。

1.学习型项目

读书、讲座、漫画、讲演、辩论、问卷调查、实地考察、采访、

看录像、看电视节目、网上学习、做展板、写新闻。

2.宣传型项目

校内师生环保意识宣传；中、小学生环境教育活动；社区居民环保意识宣传；农村环境问题宣传；城市环境与居民健康的宣传。

3.保护型项目

植树；清理白色垃圾；废旧电池回收；毕业生物品交流、捐赠活动；减缓或制止污染环境、破坏生态的行为或项目；写建议信给上级部门部门或领导。

4.研究型项目

校园节能、节水新方案；社团规划的思考；湿地保护的政策建议；校园垃圾管理新方案；生态农业的市场条件分析。

如何写策划

一份好的活动策划书将帮助社团成员清楚地理解项目的目标和意义，鼓励项目成员坚持不懈地去解决问题；一份好的策划书也更容易让这个项目赢得学校团委、学生处的支持，有的甚至可以得到公司或国际组织的支持。

1.确定目的

确定目标→认识社团资源和校内资源的现状→选定项目的过程是开始实施一个活动前提，它解决了"为什么要开展这个项目？"的问题，它让社团项目更加"有的放矢、因地制宜"。

社团选定了一个项目，接下来项目团队必须面对的问题是项目要达到的具体效果是什么？可以用什么方法到达预计的项目效果？需要多钱？需要多长时间？谁来参与？有那些机构和组织可能提供支持？

项目团队认真思考和回答上面的问题，并根据情况修正项目目标是开始动笔写项目策划书前的必须环节。

2.顺序比重

写项目建议书时，各部分内容的顺序和比重安排很重要。

一般要让读者首先知道谁提供了建议书？要做什么？

然后是详细的介绍项目，具体思路是为什么做，做出什么，如何做，多少经费，何时做。在建议书中也最好能简单介绍有哪些人负责协调实施该项目的哪部分工作？即人员分工，以及该项目是否有后续项目。

要回答清楚上面的问题，就需要一个项目团队舍得花80%时间认真研究，讨论和规划一个建议项目可能涉及的各个问题，只需要用20%的时间来写项目建议书。这样的规划过程对项目实施和评估是非常有帮助的。

写项目建议书时，一定要团队合作；先规划、再动笔；仔细研究项目资助或项目发起方的要求和建议；请社团指导老师参与项目申请的各个环节；计划改变是过程中的一部分；留下充裕的时间编写建议书；制定完成项目建议书的时间安排；预留2倍至3倍你所估计需要的时间；愉快、有趣。

不要忘了团队成员的明确分工和责任落实；不要互相埋怨和生气；不要忘了回顾和总结整个申请过程。

3.筛选项目

社团活动对社团而言是非常重要的，它定义了社团的特点。社团的成功或失败取决于社团是否明智地选择了恰当的活动。在每学期开学之初，社团成员应该通过脑力激荡的方式列出社团本学期的目标和系列活动，再逐个筛选。

筛选社团项目的标准：能确实改善人们的生活质量；可以成功实施；有广泛的需要；有强烈的需要；容易理解；有清晰的目标；时间安排没有冲突；不会引起分裂或不和；筹资可行；有独特之处；与社团宗旨一致。

4.经费预算

在整个项目规划中，经费的预算很重要。经费预算将项目的目标和实施策略转换为可见的几块、几十块钱，同时也清楚地表明你的精力投向了哪里。

制定项目经费预算是一个创新的、动态的过程。

在制定经费预算时，要考虑：这笔开销真的有必要吗？这笔开销的具体目的是什么？有什么其他便宜的或是免费的方法达到这个目的吗？这笔开销可以通过实物赞助来解决吗？有其他更必要的投资需要这笔开销吗？

计算项目具体的开销时，不要只是简单估计需要花多少钱。一定要询问后落实，如制版费、交通费、住宿费等。

整个经费预算中包括5%至10%的实际经费作为机动经费是非常重要的。

校园环保活动分工及流程

　　无论做什么样的社团项目，一般都需要几类任务分工，根据项目情况，有时一个人可以承担多个角色。

选择负责人
　　认真选择项目团队负责人，支持和鼓励项目负责人是实施社团项目的一个关键。

　　项目负责人需要投入很多精力，遇到很多挑战，有时甚至想到中途放弃。因此，要从多方面考虑项目负责人选。

项目负责人需要具备以下几点，他才会带领团队，实现项目目标：他对该项目有很大的兴趣；他有很强的责任心；他有很好的团队意识；他人员协调和活动组织的经验。

在实施项目时，项目团队的工作效率，来自对项目的清楚理解、成员的分工明确和及时沟通、反馈项目进展。此外，及时分享项目取得的每一点成功，感谢项目成员的每一点努力是项目成员不断创新的动力源泉。

整合团队

项目团队在开始项目前，要对一些问题的达成清晰共识。如项目目标是什么？这个项目的实施要达到什么成果？如何达到这些成果？项目成果的评估标准是什么？

另外，还有一些因素也对项目能否成功有很大影响。项目团队成员是否具备开展项目所需要的相关信息、知识和技能；项目实施策略是否得当；项目时间安排是否合理；项目经费是否落实；社团成员是否积极参与；与项目支持者的沟通是否及时、有效，如媒体、赞助方、学校或其它相关机构。

人员分工

1.项目总负责人

负责协调项目团队完成项目策划书；支持其它协调人的工作；考量项目进展；项目实施情况的调整和总结；平衡预算。

2.项目外联协调人

根据项目策划书与媒体、公司、其他社团、政府或其他民间团体的联系，为项目争取合作伙伴、信息支持、经费支持或实物支持。

3.项目信息协调人

根据项目策划书，搜集、整理项目背景资料；及时记录和存档项目实施情况和各协调人的项目工作总结。

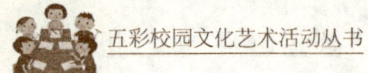

4.项目人力资源协调人

根据项目策划书，通过读书、讲座等方式提高项目团队成员和志愿者对项目所关注问题的理解、招聘新的项目志愿者、致谢项目成员的努力。

5.项目经费协调人

根据项目策划书，制定项目经费预算、管理项目经费的使用、记录和总结项目经费的开支。

项目流程

制定项目实施流程表，并及时填写和分析该表，对于激发项目成员的潜力和及时了解项目动态有很好的帮助。

一般而言，项目实施流程表有一定的内容。

项目目标：				
项目负责人姓名和联系方式：				
项目团队任务分工及日程安排				
姓名	任务概述	拟完成时间	完成情况记录	备注

有了项目负责人、组建了项目团队、完成了团队成员的分工和时间安排是成功实施项目的一个保障，但这些并不能保证该项目一定会成功。在具体实施一个项目时，还会遇到很多突发的情况和困难，团队成员能否互相协作，团队成员与团队负责人能否及时沟通并做出相应的对策也是非常关键的。

校园环保活动的具体实施

举办讲座

1.确定讲座主题

在联系校内、校外专家或有经验的人士来做讲座前，社团自己首先要明确：希望讲什么？为什么举办这次讲座？听众是谁？大概多少听众？什么时间讲？

要明确社团讲座的"5W"，即"What、Why、Who、When、Where"，需要社团成员对讲座的需求和目标做认真地分析和调查。在

此基础上的讲座更容易赢得拟邀请人士对讲座的支持，赢得听众的最大参与。

2.提前联系专家

确定讲座的主题等问题后，社团要至少提前10天联系专家。一方面给专家充裕的时间准备讲座，也给社团充裕的时间准备海报和宣传单、通知会员参加和联系教室等。

另一方面，如果专家没有时间或外出不能来，社团还有机会与其它专家联系。否则社团的一项计划就可能落空，从而影响社团成员的信心。

3.资料记录存档

讲座时，同学的积极回应和参与是对讲座人的最好致谢。讲座时，最好能拍几张照片，请一定记住将照片和一份简短的致谢信及时送给讲座人。也许明年，社团还会请他来做讲座或参加别的活动。

讲座内容

常用的讲座题目有很多，这里列举一些。

保护土著人的权利有什么意义？

环境伦理观是什么？

当新物种引入生态系统时，现存物种可能面临的威胁？

哪种生物体更易幸存并给新生境带来问题？

为什么热带雨林常比热带季节雨林更不适于农业和人类居住？

湿地对于生物多样性和生物生产量的重要性？

为什么有时市场不能合理估计自然资源的价值？

有利于可持续发展的经济制度有哪些特点？

什么是持久农业？

什么是基因工程和生物技术，他们如何对农业产生有益或有害的影响？

我们必须继续保持目前的农药使用率吗？继续这样使用农药有何利弊？

酸沉降对水生和陆生生态系统的影响是什么？

什么是并协发电？它是怎样节约能量的？

水力发电有何优缺点？

生态旅游的挑战与机遇？

社团成员可以在上面或其他的环境相关的题目中选择自己感兴趣的题目。有相同兴趣的成员组成一个研究小组，来学习和研究该主题。最后，各小组将研究成果在社团内部以座谈的方式与大家交流。内部学习的过程将为社团积累出色的人力资源并可能发现非常好的社团项目。

举办讲座，尽管只有来听讲座的人可以被直接影响，但如果社团通过写海报、发电子通讯、写新闻稿等渠道让更多人知道××社团组织了这样的活动，该社团在关注××问题，对社团和社团关注的问题都是一个很好的宣传。而且，通过组织讲座，社团也拓宽了同学术界或其它领域人士的关系。

如果讲座的气氛很好，不要浪费了社团积累人力资源的机会。请大家留下联系方式，在以后类似的活动时可以通知他们。讲座结束后，请特别感兴趣的同学留下来谈谈，邀请他们参加社团的相关活动。

写海报

写海报是一项经常性的社团工作，也是比较费时间的工作。

海报社团形象的一扇窗户，要想写好海报、利用好海报需要注意一些事项。

内容应该清楚、明确。采用对比色或不同字体，如黑体、斜题来吸引注意。配有图片和卡通画非常好，但不要让海报过于拥挤，留白很重要。将海报初稿给一个不了解情况的人看，如果他不能很快明白海报要旨，则需要简化和改进海报内容。

字体要足够大，能确保在3米至5米外看得清楚。如果是打印的海报，在打印稿上用亮色记号笔突出重要信息，容易吸引注意。此外，手工海报与打印的海报相比，更有"人缘"。

采用再生纸或重复利用的纸张来写海报，对提高社团的环保声誉有帮助。

如果社团为系列讲座或系列环保录像写海报，每次活动的海报要有自己的特色。如果采用统一版式，容易让人觉得已经看过该海报。

如果社团是招新海报或某项目急需志愿者，并欢迎电话或电子邮件垂询时，可以在海报上设计带有电话号码或电子邮件地址的可撕下的信息条。

结合海报内容，仔细选择贴海报的时间和地点。在活动前一天和当天要确保有海报宣传。

只是把海报交给某人去张贴，可能不会收到好的效果。最好能讲明什么时间、在哪里需要贴出海报。一般来说，任务越具体，完成效果越好。

准备几张备用海报，补贴被撕下或覆盖的海报。海报介绍活动的同时，也要有意识地宣传社团。请其他人校对后再贴出。

摆桌设点

摆桌设点是指在人流集中的地方摆上桌子和宣传资料，在配几个解说人员，吸引路人驻足观看的活动方式。

摆桌设点给社团创造了机会与路人交谈社团项目、吸引志愿者加盟；出售T恤、徽章等纪念品为活动筹款；搞签名活动以及募捐活动

等。无论做什么，别忘了准备一个联络登记表，请那些对社团活动有兴趣的同学留下联系方式。

在摆桌设点的地方挂些小彩旗，这些彩旗可以重复利用，彩旗上如果再印上社团的会标就更好了，可以增加吸引力。

此外还需准备一些介绍材料，说明摆摊设点的目的和希望路人怎样参与。如通过签名、写建议信、留下联系方式、成为志愿者、捐款或购买纪念品等方式支持活动。

在摆桌设点时，不要只是坐在桌子后面，等着路人来看资料，需要主动制造活跃的气氛。如请人现场弹琴、唱歌；大声喊出社团活动的目标广告语；或给路人扔糖果等。

摆桌设点应该是动态的、与路人互动的过程。最好是两个社团成员结伴，向路人提问，如："你对××有兴趣吗？""你听说过××吗？"，从中发现有兴趣的同学。比较有效的一种办法是，一个同学负责吸引一组路人到桌边，另一个同学负责详细介绍项目和解答疑问。

此外，有摆桌设点经验的同学还可以通过现场角色模拟的方式，培训社团里没有经验的同学，例如请社团成员现场扮演没兴趣、有点儿兴趣或很敌对的路人，然后请有经验的同学来与之分别应对这几种情形。

摆桌设点是吸纳新成员参与支持某项目或加入社团的一个好办法，同时它也有利于树立社团的公众形象。

校园环保活动的新闻采写

环境新闻采写

媒体是一支看不见的手，它能在生产、生活和文化等领域对社会产生很大影响，而新闻又是媒体的心脏。如果一个综合性媒体的新闻不能吸引读者，这个媒体也就没有了生命力。

社团在倡导绿色文化、提高环保意识、揭示环境问题和宣传环保人物的努力中，如何更好借助新闻和其它媒体的力量值得大学生环保志愿者们努力探索和不断开拓，它会让更多人理解"环境与我们的生活、我们的孩子"有什么关系。

学生社团的同学可以利用课余时间，在校园内外采写环境新闻或利用寒暑假在自己家乡采写专题环境新闻，并通过电子期刊、电子邮件、大学校报、当地报纸或全国性报纸发表。

社团还可以成立一个专门的新闻采写部，邀请哪些既关注环境保护又对新闻采写有兴趣的同学加入，团队氛围会激发同学新闻采写的敏感度和热情。新闻采写部可以建立自己的电子刊物或新闻网站，将自己采写的新闻及时地发给更多人分享和思考。

新闻采写基础

1.为什么要采写这条新闻

每天都有许多事情在身边发生，很多事物都在变化，是什么吸引了我，使我想把它写下来，它算得上是个新闻吗？它算得上是个环保新闻吗？

笼统的讲，能引起人们关注的新发生的变化都可以成为新闻。关注面越广，被关注程度越高，新闻价值也就越大。面对一个题材，首先要判断它是否具有新闻价值。

2.这个题材可以怎么做

新闻可以有多种，有简单的动态新闻，有的可以是深度的专题报道。动态新闻追求的是新和快，专题报道追求的则是深入，透过现象挖本质。

深度报道如新闻调查、专题报道等则不一定是新近发生的，但它挖掘的东西一定是新的，比如方便筷带来了什么、沙进人退的背后等。做新闻深度发掘越深，则报道的价值越大。

根据题材的具体情况确定可以将它做成什么类型。在这个基础上拟定采访提纲。采访提纲应当包括，要采访哪些方面，某个方面应当采访什么人。同时，要在采访前了解一些背景信息，具备所采访题材的一些基础知识，掌握一些被采访者的资料。

3.从哪里着手，如何提问

新闻最重要的是五个基本要素，即常说的5W：where、when、who、what、why。采写新闻时首先从这五个问题着手，把他们都弄清楚了，一个新

闻的采访也就基本上成功了。

比如，一个新闻题材：某社团举办环保讲座。是什么事情？环保讲座；谁举办的？某校学环保志愿者协会；什么时间举办？×月×日晚上在什么地方？图书馆；为什么举办？纪念世界地球日。

5W搭好了一个新闻的骨架，然后加上一些补充信息和生动的现场采访，它就可以成为一个合格的新闻。比如，讲座的内容，讲座如何举行，现场是热烈还是冷清等。

4.面对题材如何做深度挖掘

做深度挖掘需要很敏感的新闻判断力和客观公正的态度。比如前面说到的例子，在很多人头脑中就会自然而然地形成主观印象："热烈的气氛，佳宾满座，听众如潮。"如果事实并不是这样，在采写新闻时有些人就会略过不计，或者按照自己的思维视而不见。但是如果多问一个为什么，一篇很精彩的深度报道就可能出现。

比如，环保讲座冷清说明了什么？是大家的环保意识淡薄？学校对学生社团的发展不支持？还是环保宣传流于形式？

沿着这些问题深入采访就可以得到一篇很不错的调查报告，按照新闻的方式写出来就可以是一篇很好的深度报道。

5.如何确定新闻采写着眼点

很多事情的发生是相似的甚至是周期性的，比如说纪念世界地球日，每年都会有，因此采写新闻的时候必须找到新闻的着眼点。比如今年纪念世界地球日有什么新特点，最有特色的是什么，抓住主要特点即最有新意的东西来确定新闻采写的着眼点。

每年都会有各种讲座和纪念活动等，今年的环保宣传和纪念活动也是同样，有什么新东西呢？

比如，过去都是由有关政府部门和学校组织，今年的纪念活动是由环保志愿者自发举行的。因此，自发举行这一点就可以作为新闻的着眼点。

6、如何围绕着眼点确定问题

面对一个新闻题材，首先弄清它的5W，这样可以写出合格的新闻；然后还应当围绕新闻的着眼点设计问题进行采访，这样才能得到生动的视角和独特的新闻。同一个题材，从不同的角度出发可以写出不同的新闻来，只有围绕自己的着眼点进行采访才可能得到有特色的新闻。

确定了着眼点是环保志愿者首次自发举行的，那么就应当围绕这一主题设计问题。

比如，这次环保宣传的创意是如何得来的？为什么要设计这样的讲座主题？自发举行纪念活动有没有碰到什么困难？预期达到的效果是什么？最深刻的感受是什么？等等。

7.不同采访对象如何确定问题

在合适的时间地点，采访合适的人对一个新闻是很重要的，其中最重要的是对采访对象提出合适的问题。

有些问题对所有人都是合适的，比如参加这次环保讲座你的个人感受是什么？但有些问题如果错位就会损坏新闻的真实性。

面对环保志愿者组织的负责人问"为什么要设计这样的讲座主题？"是很合适的，但如果去问一个听讲座的人就不合适了，如果问他"对这种志愿者自发举行的纪念活动有什么评价？"则是合适的；面对政府部门则应当问"对这种自发的纪念活动，你们的态度是什么呢？"

8.追问深度挖掘并发现新着眼点

很多有价值的信息实际上来自于深度挖掘，对于超出自己预期的情况一定不要轻易放过，因此一定不要放弃追问。比如面对政府部门问"你们的态度是什么"可能很多人会期望回答"支持"，也有很多人会回答"支持"，如果回答是"不支持"呢？

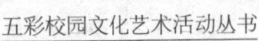

追问"为什么?"

自发的活动管理上有很多困难?顾虑志愿者们还缺乏经验可能会做不好?志愿者们是在哗众取宠?等。

如果是其中某种情况,那么它表现在什么地方,依据又是什么?等等。

在确认这些东西以后可以根据其中的有价值的信息重新设计问题再采访相关方面。比如这些情况的出现原因是什么?你对此的看法是什么?是不是民间环保活动的通病?对未来环保活动的开展会有什么影响?

沿着追问的线索,一个很有价值的全新的深度报道就出现了。

9.怎么使自己的新闻吸引人

有些新闻报道本身具有很高的新闻性,自然很吸引人,但要使一个不太受人关注的问题引起世人关注就需要相当的技巧。环保新闻很多都属于后者,尤其是日常的新闻报道。

因此,作新闻报道之前必须了解大众传播的基本知识。人们最容易接受什么?很重要的一点就是要依靠生动鲜明的人物和故事。人们对鲜明人物和故事的理解和记忆能力总是优于抽象的理论和数据。

要让一条新闻吸引人除了新闻本身以外还应当找到采写这条新闻的恰当的切入点,这同样需要新闻的敏感性,从人们熟悉的生活和小事中发现闪光点。

比如,现在要采写一篇新闻,主题是:偏远的草原小城××将重视环保放到了未来草原发展的头等位置上。

学生可以采访某次当地的政府工作会,也可以使用当地环保部门出台的文件提供的数据,等等。但是,怎么让远离草原的大众去关心这些会议和数据呢?这就必须有能打动人的生动的东西。

如果你这样来着手,结果可能大不一样。

"在××旅行，很多游客现在觉得有些不适应了。某先生早上在街上买水果，却怎么也找不到一个塑料袋来装东西，因为从现在开始，理塘已经全面禁止使用塑料袋，就算是买熟食也只能用纸袋包装。××的这些环保措施是从××时候开始实施的……"

尤其是作深度报道，因为它并不一定是由某个新近发生的事情引出来的，因此，注重发现这些生动的小故事作为切入点尤其重要。

10.让普通人看懂专业的环保新闻

把大量专业的术语写给大众看显然是行不通的。哪怕是作深度报道也不能将它等同于环保的调查论文，如果非要使用专业术语和数据也必须将它转换成大家看得懂的语言。比如某河流中某种有害物质已经超标某标准多少倍，你把专业数据放进去，大家并不能接受，你必须考虑什么才是有效的宣传方法。

如果将它表达为："就算打一杯这样的河水，然后在里面加入一百杯干净水，然后再把这水拿去养你们家的金鱼，那金鱼也只有死路一条！"通过这种表达方法，大众对于这条河流被污染的程度的感知显然就要优于专业论文式的新闻稿。

新闻稿的写作

写作新闻稿有别于普通的文体，一般采用倒金字塔形式，即把最重要的东西写在前面。先是新闻标题，然后是导语，然后才是事件的叙述。

因此，在新闻稿之前，要抓住这个新闻最核心最重要的东西，把它浓缩成为一个标题，并且要设法让这个标题更加容易吸引人。然后把这个新闻的主要内容用一两句话表达出来，写成导语，之后才铺开写事件。这是因为，受众接受信息是有选择性的，他们不会象学生阅读课文那样一字一字地阅读，只有用最节省的篇幅来告诉他们一个事件，争取吸引到他们，只有他们被吸引以后才会开始认真地开始看新

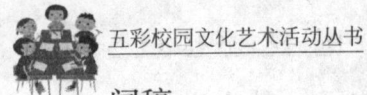

闻稿。

比如，写一篇关于某河流的环保新闻。

标题：救救某某河

导语：某某河流污染严重超标，河流两岸居民生活困难，迫切盼望治理这条河流

正文：面对一亩绝收的玉米地，张老汉欲哭无泪。张老汉一家住在某某河边，今年天太干，看着玉米地干旱，他就直接从河里取水浇灌，谁知道第二天浇灌过的玉米全都枯死了。过去这条河清澈透明，水中有很多鱼虾，张老汉年轻时还在河里打过鱼。自从去年，在上游建起了一个小造纸厂，河里的水就开始变黑……

校园环保活动的后续总结

为何要总结活动

1.社团成长与发展的需要

项目总结是社团成员成长与发展的需要。没有一个绝对成功和绝对失败的项目，每个项目在设计、实施的过程中都有可以改进和值得发扬的地方。

如果没有做好项目总结工作，缺乏项目团队一起分析项目成败的

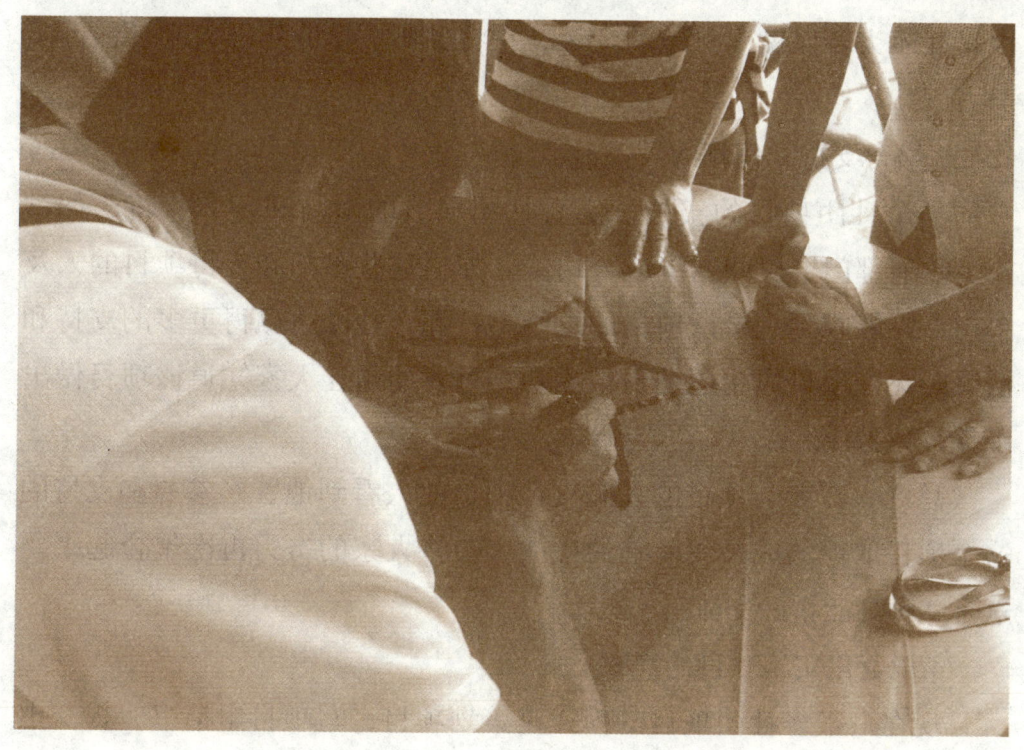

过程，这种成功与失败的经验就不会凸现出来，引起大家重视。另一方面，在项目实施过程中，每个人的角色是有限的，他的经验如果没有在总结中与其它人交流，那么这些经验也只是他个人的资产。如果每个项目成员一起分享和分析各自的经验，大家的资产就都将会得到升值。

2.总结项目是发展项目的需要

学生社团的一大挑战是社团成员的更换频率太高。社团在开展了活动或某个项目后，如果没有很好地把相关的成功与失败的经验总结下来，并整理成文字的话，新的社团成员下次开展类似活动或项目时可能只是在重复以前的老路，很难有新的突破。

相反，如果社团每开展一个项目都能留下一份很好的项目总结，那么新的社团成员在选择社团项目和开展社团项目方面将非常的有的放矢。而且，社团一个个项目总结的集合就是社团发展的一条轨迹，也是社团为环保做出贡献的记录，它将鼓舞更多的年轻人为环保做出努力。

3.赢得支持和信赖的需要

一个社团项目的实施一定有社团成员的参与和各方支持，如学校、政府部门、民间组织或公司等。如果这些参与和支持项目的人及单位，能够收到一份该项目的总结书，那么社团将赢得更多的支持和信赖。无论项目成功还是不很成功，重要的是让大家知道该项目做出了什么？为什么？

总之，让参与项目的人和支持项目的人看到他曾经参与和支持的这个项目取得的成果或面临的挑战，会将大家的努力再次聚合起来。这是一种高能量的交流。

4.规范化实施项目的需要

现在，很多社团项目的模式是策划项目，写项目申请书，提交申

请，得到某基金或某组织的支持，实施项目，总结项目。

在这个模式中，总结项目是一个非常重要的环节，它关系到社团的信誉和社团能否再次得到支持；它也关系到支持该项目的基金或组织的生命力。一份好的项目总结书会让社团和支持该社团项目的基金或组织之间，建立良好的合作关系和很高的信任资本。

如何总结项目

项目总结只有在团队合作的基础上完成，才是最有意义的。一个项目的实施是由团队来完成的，团队成员将各自的经验汇聚，就有了整个项目的实施经验。但是，总结项目不是说项目实施后开一次项目总结会就可以了。

一个好的项目总结是从项目设计时就开始的。首先，项目团队需要提高对项目总结的重视，在制定项目的日程安排时，就要将项目总结的时间考虑进去。其次，在项目实施的过程中，鼓励或要求项目成员随时记录项目实施过程中遇到的各种问题、采取的解决方式和取得成果及建议等。

项目团队成员在项目实施时，就对项目进行及时地总结和记录，将对最后的项目总结提供很大帮助。

在项目完成后，项目团队成员要尽快坐在一起，要讨论一下下面的问题。

项目实际取得的成果与项目策划时预期的成果有什么不同呢？为什么？

每个项目成员在项目实施过程中各自有什么成功经验和值得改进的地方？包括时间安排、资金筹集与管理、人员调动、对外联络、信息收集与处理、团队合作等。

如果有新的成员希望继续进行该项目的工作，你们将建议他们做什么？为什么？

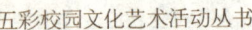

项目总结报告或项目新闻稿都可以在这样的总结会上得到重要的资源。

同时，项目总结不是庆功会，也不是批斗会。它是一种基于现实条件的、民主、平等的对话和讨论。

项目总结时，一定要有专人做会议记录，并尽快整理会议记录，完成项目总结报告。

如何写总结报告

项目总结报告书最好不超过3页，它应该包括：

1.基本信息

项目标题、实施项目的学生社团或个人的名称、项目负责人的姓名和详细联系方式。

2.具体内容

项目做出了什么？项目的具体成果，有数据和图片最好。

如何做的？简述项目实施的方法和经验。

经费怎么用的？列出经费开支条目并附相关票据。

建议。今后其他社团或个人实施类似项目的建议。

利用互联网开展校园环保

据统计，互联网上有价值的信息每隔三年就会增加一倍。互联网为学生环保社团的发展提供了前所未有的机会，互联网可以成为社团的一个强有力的工具。

互联网的特点

很好地认识和了解互联网的特点，将提高学生对"互联网与社团发展"的重视程度，帮助学生更好地利用互联网为社团服务。

1.沟通快捷

电子邮件，尤其是群发邮件和转发邮件的功能很便利、QQ聊天、电子杂志、FTP文件传输等加起来的信息高速公路。

2.使用廉价

网吧2元至3元/小时，拨号上网3元至4元/小时，校园网几乎免费，ADSL专线可包月不限量。发展趋势是传输速度不断提高，上网费不断下降，网络覆盖地区不断增加。校园网的迅速发展和普及将为社团更好地利用互联网提供一个广阔天地。

3.动态交互

留言簿、论坛、网上调查、用户直接录入和编辑自己的数据等都实现了用户与用户、用户与网站管理员的交流。而不是单纯地网站发布信息，用户浏览信息。动态交互的特点为网上培训、会员管理和成员交流等提供了很好的基础。

4.信息保存久远

社团的文字和图片资料存在磁盘、光盘、个人电脑里或被打印出来，都可能因为各种原因而丢失或损坏。但如果将其保存在社团自己的网站上或是网盘上，信息长时间保存的问题就基本解决了。好多网的服务器由专业的服务器供应商提供，完全能确保信息的安全存放、更新和使用。

5.超越地域和时间限制

信息的获取不受地域和时间的限制，晚上网站不歇业。信息的发布也是超越地域和时间限制的。社团可以随时通过国内外网站得到需要的环境信息，同时将自己的社团资料在网上发布，让社团成员、社团的支持者和其它组织可以随时了解社团动态。

6.信息载体多样化

互联网将传统的信息载体进行了整合与突破，它可以成为囊括文

字、声音、图像、动画、电影、音乐、游戏的大舞台。

7.信息更新方便、迅速

互联网信息的更新成本低，更新速度快。

社团使用建议

1.电子邮件

使用免费电子信箱，可能会有垃圾邮件，而且邮箱不是很稳定。有些社团有自己固定电子邮件信箱。但总的来看，电子邮件已经成为社团成员对内、对外的一个主要交流通道，而且将继续发挥很大作用。例如有些社团已经有了自己的电子刊物，或着是几个社团联合刊出一份电子刊物，以便在更大范围分享信息和其他资源。

2.建立网站

社团建立自己的网站，可以使用免费服务器，如果想提高网站可靠性，防止广告弹出，可以找一些收费低廉服务器。另外，社团自己建立的网站需要专门的网站管理人员来维护和更新内容。

3.网上聊天

QQ等聊天工具是社团成员使用较多的一种网上交流方式，它便捷且个性化。

4.信息搜索

网上的环境资源非常的丰富，信息量巨大。有的是国外网站，但其内容经典、网站设计新颖让很多人流连忘返。作为大学生环保社团的成员，要凭借自己的英文优势，积极去国外的环保网站走走，一方面获得好的活动经验和环境资料，促进社团的不断发展；另一方面，借鉴国外环保网站的运行模式和设计风格，推动国内环保事业的网络发展。

NO4.学校环境管理的方法指导

校园环境管理的意义

校园环境的概念

校园环境可以解释为整个校园和校园里的一切情况与条件。校园环境包括校园里的房屋建筑、花草树木及其他基础设施，可统称校园自然环境；又包括学校风气、师生的精神风貌、师生之间的人际关系及校园的文化氛围，可统称为校园的人文环境。

整齐、清洁、优美的自然环境，是校园环境建设基础，是开展学校德育工作的物质基础。健康的文化活动、浓郁的文化氛围，师生

奋发向上的精神风貌，和谐的人际关系，纯正的校风，是一种强大的感染人的力量，它是校园环境建设的核心内容，最有利于学生良好人格、学校良好风尚的形成。

校园环境具有暗示性、渗透性等特点，它对学生潜移默化的影响是深远而持久的，在一定程度上也是一种教育媒体。无论是校园的自然环境，还是人文环境，对学生都是无声的教育，它们与有声的教育相配合，具有相得益彰的效果，有利于提升学校的德育工作的实效。

作为现代社会文明的重要组成部分——学校，其环境的优美程度自然是现代学校文明的重要标志。学校校园的环境当中，校园环境文明建设是至关重要的。为营造学校良好的学习环境，必须重视对校园环境文化的建设，校园环境文化建设，在学校发展中越来显示其独特的一席之地。

校园环境文化的核心内容和深层结构，是学校的校风、文化生活、人际关系和心理氛围，它以"外显内隐"的行为模式感染着受教育者的思想观念、道德行为，潜移默化地激发着学生对某种价值的追求，自觉不自觉地影响着学生走上社会后的发展。因而学校是否针对现化中学生的心理需求以及未来社会的发展需要来加强对校园文化活动的引导和阵地建设，无疑是一个教育不可忽略的重大问题，理论和实践都证明必须重视对校园环境文化的建设。

校园环境文化是一个校园生态系统

众所周知，学校是有组织、有计划地进行教育的机构。从生态学的观点看，校园是一个独立的生态系统，它有着自己的结构和功能。校园生态系统是开放系统，不断地与外界交换着物质、能量和信息，从而使自己保持着一种有序状态，并不断地发挥着自己的潜能。

校园环境文化，在培养学生综合性能力方面具有重要的作用。这种综合能力的培养并不是课堂教学所能够完全承担的，它需要多种逻

辑的训练。校园环境文化，作为学生学习的重要场所之一，有其独特的作用。

1.物质环境的作用

校园环境文化作为校园的生态系统，其特质环境主要是指校园内经过人们组织、改造而形成的校容校貌和校园学习环境。具体指校容、校貌、自然物、建筑物及各种设施等。这种物质环境自然是一种环境文化，它的作用体现出"桃李不言"的特点，却能使学生不知不觉，自然而然地受此熏陶、暗示、感染。

所以，学校物质环境文化的设计必须强化环境育人意识，使校园环境充满着文化色彩，"努力使学校的墙壁也讲话"。作为学校的教育者，如果能使用学校各种物质的东西都能体现一种学校的个性和精神，都能给学生一种高尚的文化享受和催人奋发向上的感受，那么校园的物质环境就会成为一位沉默而有风范的老师，起着无声胜有声的教育作用。

2.组织环境的作用

校园环境文化作为校园的生态系统，其组织环境是一种以各种形式的制度为特定载体的生态系统，它是人类文化的凝结，具有鲜明的地域和时代特征。

具体来讲包括行为规范体系、决策条例体系和管理制度体系等。学校的组织环境自然是学校文化传统的历史积淀，又是校园文化建设的现实起点，它是校园环境文化由低级向高级跃进的有利保障。所以，这个系统的环境文化程度，直接影响着学校教育的质量和效果，直接影响着受教育者能力和素质的程度。

3.精神环境的作用

校园环境文化作为学校的一个生态系统，其精神环境从学生个体角度看，精神环境又是心理环境。它是学校环境文化中最坚韧的物

质和内核，体现在师生的精神面貌、校风、学风、集体舆论、校园精神、学校形象等方面。

校园精神环境是校园的灵魂，是学校师生认同的价值观和个性的反映，是一种潜在的教育力。良好的心理环境和校园精神环境文化会使人的精神愉快，还具有催人奋发向上、积极进取，开拓创新的教育力量。

帮助广大师生树立以社会主义理想和道德为核心内容、以科学态度、开拓精神、创造能力和高尚品格为目标的校园精神环境，形成团结、和谐、融洽、民主、友好、合作的人际关系环境和字客观、理解、抑恶果扬善的集休舆论环境，是校园精神环境建设的重要任务。

4.活动环境作用

校园环境文化作为学校的一个生态系统，其活动环境是指社团学术活动以及满足师生不同需要的文化娱乐活动等。文化活动是校园文化中最具特色的东西，是校园文化的生命力之所在。活动形成的校园文化，既是物质文化的动态表现，又是精神文化的具体体现，作为学生的主要场所——校园，其活动环境的创设是素质教育必须解决的一个极为重要的问题，是校园环境文化的重要方面，必须十分重视活动环境的创造和设计，以便发挥其独有的教育作用。

校园环境文化对学生有影响作用

校园的环境文化通过教育者的组织和利用可以对受教育者产生耳濡目染、潜移默化、养性怡情、陶冶情操的积极作用。这种积极性的功能需要通过教育者的设计而体现。

校园以环境文化的育人功能仅仅通过耳濡目染、潜移默化是不能充分发挥的，学校的老师，尤其是领导必须有意识地利用校园环境文化，甚至可以改变某些校园环境文化来为学校教育育人服务。

校园环境文化对学生的影响主要有四个方面。

1.校园环境文化影响学生的心理平衡

学生所受教育时间越和，对学校环境文化要求就越高，依赖性也越强。校园已经由传授知识的单一功能体转变为集传授知识、培养能力、娱乐生活等一身的多功能体。学生来到学校不仅是追求知识，而且追求娱乐、追求生活、追求艺术。

学校的物质环境是否文化化、艺术化、实用化、舒适化、卫生化、优雅化、整洁化、安静化等等都会影响学生的心理发展。如果校园环境条件过于简陋、杂乱，缺乏现代文化气息和艺术雅趣，就会导致学生对学校的期望破灭，就可能产生严重的失重感觉。

2.校园环境文化影响学生的价值观和行为

校园环境文化影响着学生对事物的看法从而使之形成自己的价值观念。同时，又制约着学生的行为，使之养成良好的行为习惯。

在一个整洁的校园内，学生是不会随地吐痰的；在一个幽静的校园内，学生是不会高声嘶叫的；在一个充满现代文化气息的校园内，学生是可以陶冶情操的。校园环境文化特别是其中的精神环境文化一经形成，就对学生的道德观念产生影响，反过来良好道德观念又会推动校园精神环境的优化，从而形成良好的学习心理和行为。

校园环境文化是通过感染、模仿、从众、认同的心理机制，使学校全体成员在不知不觉中接受影响，引起个人心理和行为的变化，以求与校园环境文化趋于一致，达到学校育人的目的。

3.校园环境变化影响学生的智力发展

校园环境文化是一个人化的环境，每一处、每一时都带有教育者对受教育者的目的要求，具有丰富的文化内涵，散发着多元化信息。所有经过精心设计的文化信息源，能够对学生进行有利、积极的刺激，从而促使他们智力的发展。"智商在丰富的环境与贫乏的环境中能够上升或下降并确实上升或下降了"。

4.校园环境文化影响着学习的内容和方式

随着当今社会的不断进步，物质条件的改善，学校的环境文化需要越来越大，它所能负载的教学内容也越来越多，教学方法也多元化。现代信息技术进入学校，更增加了学校教学内容和教学方法的丰富性、多样性，因此，校园环境文化建设程度同样影响着学生的学习内容和方法。

重视对校园环境文化建设有着深远的现实意义

近些年来，各级各类学校都投入了大量的人力、物力、财力，加强了校园环境的绿化美化和设施建设，校园的环境文化建设有了很大的改观。

为适应新的人才培养目标的要求，各类学校都进行以学校内部综合改革，并把比较多的精力散到了校园精神文明建设上来，特别是对丰富校园文化生活给予了高度重视。这都是因为已经认识到了学校校园环境文化的创建对学生的健康成长。

学校的发展有着其独特的潜移默化的、深刻有力的影响作用。

1.重视对校园环境文化建设是学校发展的需要

目前，有的校园环境文化建设中出现了令人担忧，必须须引起高度重视的严竣问题。

有的校园环境文化受社会上特态化、商品化、通俗化文化的消极影响，逐渐丧失作为独立于大众流行文化的精英文化所独具的鲜明个性和特质，品位高雅的校园环境文化出现了表层性、世俗性倾向；随着群体意识的弱化，个性意识的增强和物态文化的诱惑，有的学校出现了理想追求的淡化和价值观念的紊乱；有的青年师生的思想观念和理论兴趣屡屡发生转移。

所有这些现状，都不利于学校的发展，声誉的提高。

2.营造校园环境文化气息是学校思想教育的重要阵地

校园环境文化，它具有特殊而多样化的育人功能。如果说教师和学生是教育教学活动的主角，那么学校校园环境文化好比是他们活动的舞台，缺少这个舞台，师生的活动就失去了依托，并将直接影响教育教学活动的进程和效果。

概括起来说，校园环境文化在学校思想教育中表现出很多功能。

（1）凝聚功能。学校环境文化建设的核心是树立群体的共同价值观，通过它的影响力在青年学生中形成一种无形的向心力和凝聚力，把青年学生行为系于一个共同的理想信念和价值追求之上，从而在高雅古富的精神生活中，陶冶健康向上的审美情趣和文化品格。

（2）激励功能。不同的校园环境文化会将教育教学活动导向不同的境界和水平，产生不同的育人效果。良好的校园环境文化，必然会出现"勤奋好学、积极向上"的校风，深刻地影响着师生的内心节办，激发着师生的工作和学习热情，比起千遍万遍地说教方法，教育效果自然事半功倍。

（3）熏陶功能。学校按照审美的要求去加强对校园环境文化建设，这对学生的审美理想、审美趣味和审美观念的形成具有无形的熏陶、感染和潜移默化的作用。

（4）益智功能。校园环境文化对学生的智能发展具有促进作用。一般地说，丰富良好的环境文化因素刺激，可以促进智力发展，还能激发学生积极的情感，并以此为中介来促进智能的提高，特别是学习兴趣的提高。

这些功能的发挥显示，学校校园环境文化是学校积极开展思想教育的极好阵地，必须加强重视和强化建设。

3.创设校园环境文化是实施素质教育的极好舞台

实施素质教育是一项复杂的社会系统工程，而学校是实施素质教育的主阵地。在这块主阵地中，创设校园环境文化是实施素质教育的

极好舞台。学校要全面贯彻实施素质教育，除了各级、各班来共同创造一个良好的社会大环境之外，而需要营造学校这个小阵地。

营造好学校这块阵地固然是方方面面的，但校园环境文化也是一块不可缺少的方面。因为，校园环境文化阵地可以培养学生的合作竞争能力，可以培养学生的创造性思维和创新精神，可以培养学生的艺术才华，可以增强学生的集体主义精神，可以增强学生的实践能力，可以减轻学生过重的学习负担，使其置身于一种自我教育、自我提高的境地，可以使学生在一种愉快教育、情境教育、和谐教育中健康地成长。

总之，从整个校园环境文化的创设过程中，离不开学生的参与。因此，学生的想象空间得到了无限的延伸，学生的创造思维得到了极大的发展，学生的综合能力得到了充分的锻炼。这种能让学生才华得到升华、能力得到培养、思维得到发展的校园环境文化创设实践活动，正是实施素质教育极好的内容，所以，学校必须重视对这块阵地的建设。

综上所述，校园环境文化决不是单一的文化宣传阵地，它具有内容上的丰富性、范围上的广泛性、形式上的多样性。学校的教育者以积极地组织规划好这块环境文化阵地，从不同的内容出发，做到各自不同的要求，以便发挥其独立的教育效果，使校园环境文化在学校学风校风、领导力、人际关系、价值取向等方面，体现和反映学校的历史传统、精神风貌、校园特色以及目的追求、道德情感、价值观念、行为模式，从而营造良好的学校学习氛围，只要学校领导重视，面向学生全体，不断创新，校园环境文化进取就一定能够发挥出其特有的不可估量的教育效果和重要作用。

两型校园环境的建设

两型校园环境建设主要包括：资源节约型、环境友好型。

节约型校园建设的方法

开展节约型校园建设，许多学校已有许多积极的行动和成功的经验。这里对做法做了一些归纳。

1.强化观念

增强责任感和使命感把节约提高到关系全校师生素质、学校管理水平、学校发展质量的高度，加强组织保证和责任分担，形成领导主

抓、分级负责、全员参与的责任体系。

2.加强制度建设

把节能节水落到实处浪费的行为往往源于制度的缺失。多数高校建立了强有力的体制机制和政策体系，有的小学校园环境建设包括节能降耗指标体系、监管体系、考核体系和目标责任制等，推行"水电承包，计量收费"、"定额使用、超额自理、谁使用谁付费，收支两条线"等管理机制，把水电使用置于制度管理之下。

3.加强整体规划

改造和完善节能减排设施，一是把节能减排工作纳入新建工程项目的规划和设计体系。新落成的建筑在供电、供暖、上下水系统等方面均选择了低耗、低排、高效节能设备和器具；二是加强科技改造，减少资源浪费和污染排放。

4.强化精确管理

提高资源利用率严格按定额配置资源，倡导节约，杜绝人为浪费行为。后勤管理部门加强维修管理，杜绝跑冒滴漏现象，减少资源浪费。有的高校还建立了校园电能计量管理系统、校园给水管网监测系统、武汉小学校园环境建设网络预付费水电管理系统、校园路灯智能管理系统、校园关键设备监控系统等水电管理系统，实现了校园数字化水电管理。

节约型校园建设的内涵

在两型校园建设中，节约型校园建设是基础、是关键。节约型校园建设的内涵有很多。

节约资源，综合利用资源以提高资源利用效率为核心，以节能、校园环境建设节水、节材、节地等资源综合利用为重点，大力加强资源的循环利用。

加强体系建设，建立节约制度和激励机制要坚持以改革促发展，

统筹整合校内资源，努力降低办学成本，在课堂教学、实验教学、行政办公、公共服务、基建、科研和后勤等各个方面的管理体制和运行机制上深入推进改革，要建立有利于节约的制约和激励机制，建立以严格、科学、合理的成本核算为基础的各项管理制度，把节约指标列入校内各部门实绩考核评价体系之中。

加强日常工作中的节约管理，全面节约学校各项办学活动都要精打细算，厉行节约。坚决反对追求不必要的高标准，坚决反对讲排场、比阔气、铺张浪费。要大力加强对水、电、气和教室、实验室、学生食堂、宿舍等公共场所的使用和管理，挖掘各种资源的使用潜力，不断提高资源的使用效率。

要加强宣传教育，强化全员节约意识要采取各种有效措施，加强学校领导者、各级管理人员、教师、员工和广大学生的节约意识，尤其是节水节电、校园环境建设节约粮食和节约教学资源的意识。

采取有效的节能节水措施加强节能节水运行监管、新建建筑严格执行节能节水强制性标准、开展低成本节能节水改造、积极推进新技术和可再生能源的应用等。

环境友好型校园建设

"环境友好"是两型校园建设的更高目标。参照专家学者关于两型社会的定义，环境友好型是一种人与自然和谐共生的社会形态，其核心内涵是人类的生产和消费活动与自然生态系统协调可持续发展。

1.环境友好型社会的含义

环境友好型社会指全社会都采取有利于环境保护的生产方式、生活方式和消费方式，建立人与环境良性互动的关系；指良好的环境也会促进生产、改善生活，实现人与自然和谐。

2.环境友好型建设的内涵

建设环境友好型校园是学校建设高水平大学、保持学校可持续发

展的战略选择。

建设环境友好型校园体现了学校科学发展的要求。学校的发展需要一个良好的发展环境和良性的发展态势。在这个环境中，全校师生员工与环境良性互动，共荣共生。每个个体和组织都能在这个环境中寻求合理定位和满足，校园环境建设个体和组织的发展共同营造一个良好的氛围和空间，并支撑和带动学校的整体发展。这样的环境需要有一定的规则，有一套制度和机制，特别是需要科学规划，全面统筹。要处理好发展与公共资源合理有效利用、处理好学校生产及生活服务中的污染排放、清洁生产、绿色科技等问题，就要按科学的统筹解决。

建设环境友好型校园是和谐校园构建的要求。环境友好追求人与自然的和谐相处，倡导好的环境文化和生态文明，提倡重视环境要素，反对铺张浪费和生态破坏，这些理念也是和谐校园建设所追求的目标。

建设环境友好型校园是关注民生的要求。环境友好型校园建设，不仅在观念层面、文化层面体现环境友好，更重要的是生态层面，学校建设和发展能呈现新的面貌，校园环境得到改善和维护，广大师生员工得到更多实惠。

环境保护常用宣传语

1. 环境保护，人人有责。
2. 保护环境是一项必须长期坚持的基本国策。
3. 实施科教兴国与可持续发展战略。
4. 1998年6月5日世界环境日主题是："为了地球坏上的生命—拯救我们的海洋"。
5. 保护蓝天碧水。
6. 建设美丽的边疆，爱护我们的家园。
7. 加强环境宣传教育，提高全民环境意识。
8. 保护环境是每一位公民应尽的责任。
9. 环境保护从我身边做起。
10. 保护环境，造福人民。
11. 保护环境就是保护我们自己。
12. 破坏环境，就是破坏我们赖以生存的家园。
13. 防止土壤污染和沙化，减少水土流失。
14. 环境与人类共存，资源开发与环境保护协调。
15. 保护水环境，节约水资源。
16. 保护戈壁植被，防止沙尘污染，保护大气环境。
17. 树立大环境意识，保护生态环境。
18. 人类若不能与其他物种共存便不能与这个星球共存。

19. 让我们共同行动，还家园碧水.蓝天。

20. 保护自然平衡，拯救绿色环境。

21. 保护海洋，防止赤潮。

22. 搞好水土保护，改善生态环境。

23. 森林是地球的肺，我们要保护森林。

24. 发展经济不能以牺牲环境为代价。

25. 为了地球上的生命，清除白色污染。

26. 人与自然需要和谐共存。

27. 早一天保护环境，多一份生命保证。

28. 保护生态，改善环境是一项长期而艰巨的任务。

29. 请您以宽宏大量之心给生而自由的动物们以自己的空间，善待动物就是善待我们自己。

30. 污染环境，害人害己。

31. 保护环境，持续发展。

32. 破坏环境就是自掘坟墓。

33. 保护碧水蓝天，共建绿色家园。

34. 保护野生生物，人与自然共存。

35. 锁住黑龙保蓝天，治理污水护家园。

36. 为了子孙的幸福，请您珍爱环境。

37. 谁污染，谁治理，谁开发，谁保护。

38. 上项目必须先办环保审批手续。

39. 烟尘污染要减轻，集中供热是途径。

40. 发展生态农业，改善生态环境。

41. 要做保护环境有为之人，不做污染环境负罪之辈。

42. 污染环境，千夫指；保护环境，万人颂。

43. 开展环境综合整治，强化城市改革开放功能。

44. 动员起来，为拯救我们的地球掀起一场环境革命。

45. 环境保护是我国一项基本国策。

46. 我们只有一个地球，共在一片蓝天下，让我们采取新行动保护和净化我们的地球。

47. 控制全球变暖刻不容缓。

48. 西部开发环保先行。

49. 家园只有一个，地球不能克隆。

50. 保护环境就是保护生命。

51. 地球是万物生灵共同的家园，共生共荣来自万物的和谐。

52. 保护赖以生存的海陆环境需我们的节制和努力！

53. 洁净的空气、幽雅的环境是我们共享的，每个人都应对环境保护尽一份义务。

54. 沙化、风尘、赤潮是环境对人类的惩罚。

55. 拯救地球，从生活中的细节做起。

56. 保护生态环境，造福子孙后代。

57. 美好的环境来自我们每个人的珍惜和维护。

58. 善待自然也便是人类自珍自重。

59. 改善环境，创建美好未来是我们共同的愿望。

60. 水是生命源泉，珍惜水源也就是珍惜人类的未来。

61. 保护环境，功在当代，利在千秋。

学生环保要从点滴做起

节约用纸

植物是地球最宝贵的财富，有的学生用纸浪费很严重。造纸的原料很多都来自于植物，会导致对生态平衡的破坏。一些生活中的木制易耗品也要注意恰当使用。

1.面临问题

（1）学生没有重视对植物的保护。

（2）用过的废纸没有恰当的去处。

（3）学生有大手大脚的坏习惯。

2.节约方法

通过许多方式，可以使学生达到节约用纸的目的。

（1）将旧练习本中未用完的纸张装订起来，做草稿本。

（2）收集用过的草稿纸和旧作业本及试卷，找到合适的途径，送到造纸厂重新加工成可以使用的纸张。

（3）节约用纸，把草稿纸写满，不要只写几个数字就扔掉。

（4）尽量节约用纸，无论是手纸还是餐巾纸，能用手帕代替的就用手帕代替。

（5）在废报纸上练习写毛笔字和画国画。

（6）有些包装纸，可以做成手工艺品，美化生活。

（7）尽量不用一次性碗筷。

（8）方便筷或竹签使用后可以回收利用，做成工艺品。

（9）不要用机械的方法破坏、损害树木。

（10）多种植植物。

（11）把装修中剩余的木头、木屑送去造纸厂，减少砍伐树木的数量。

（12）珍爱身边的每一棵树，用法律来规范人们的保护意识。

珍惜水资源

1.面临问题

水资源的紧缺，可二次使用的水的存储。

2.节约方法

（1）可以利用用过的但相对比较干净的水去冲马桶、擦地板或者浇花。

（2）用水间歇可以把水龙头关上，避免不必要的浪费。

（3）少量的衣服用手洗，避免洗衣机洗时使用大量的水。

（4）洗澡时，将开头空放的冷水积蓄起来，可以用来洗衣服或别的用场。

节约用电

1.面临问题

学生在用电上有认识上的误区，认为只要付得起电费，让自己舒服一点，多用点电有什么关系。

2.节约方法

（1）没人或没必要的时候，不开灯、不使用空调。

（2）离开房间后随手关灯。

（3）同一个房间，在采光情况良好的情况下，不用开两盏灯。

少用塑料袋

1.面临问题

大家图方便和美观，不愿意使用布袋或篮子。

2.节约方法

（1）不随便扔塑料袋，对大自然有害。

（2）超市里的塑料袋可以当垃圾袋。

（3）买菜时少要塑料袋，或自备布袋或篮子。

节约汽油

1.面临问题

（1）学习太紧张，时间不多。

（2）同学们有虚荣心，觉得家中有汽车接送才够档次，如果坐公交车有些丢人。

2.节约方法

（1）能坐公交车上下学的，就不用专车接送。

（2）去很近的地方办事的时候，就步行或骑自行车去。既环保又锻炼身体。

学校校园环境建设指导

　　学校校园环境建设是学校管理的重要组成部分，是促进学校精神文明建设的重要手段，也是展示学校风貌的主要窗口。加强学校的校容校貌建设，提升学校文化品位，营造"整洁、整齐、文明、大气"的校园环境，离不开学校环境建设指导。

指导思想

　　学校以全面贯彻教育方针、全面提高教育质量为宗旨，以全面实施素质教育、培养学生创新能力和社会实践能力为具体目标，坚持以

"整洁大方、清新高雅、文化品位"为理念，探寻学校可持续健康发展的结合点，着眼于校园文化氛围对师生的熏陶和感染，将现代文明信息与传统文化底蕴有机渗透，为学生的发展、教师的发展和学校的发展创造优良的人文环境，使全校师生身心愉悦，让师生时时处处都感受着学校文化的魅力，促进良好思想道德修养的形成。

总体目标

通过制定学校的各项规章制度、学生行为规范守则等校规校纪，形成学校的制度文化，加强学校物质文明建设，创建整洁、优雅、文明的校园环境，形成学校的物质文化，培养优良的校风、教风、学风，形成学校的精神文化，通过师生全员参与，开展各种文明创建活动，形成学校的行为文化。

方案实施

1.成立领导小组

成立机构成立以校长任组长，副校长任副组长的校园环境与文化建设领导小组。主要成员有包括政宣与后勤办公室人员、各班班主任。

领导小组及时召开专项工作会议，研究和部署校园环境与文化建设工作。

2.大力进行宣传

宣传发动围绕目标要求，面向全校，充分利用标语、宣传栏、校园广播等大力宣传校园环境建设的意义，营造浓厚的舆论氛围，层层召开会议，动员全校广大师生积极参与校园环境建设和整治工作，确保治理活动取得良好的效果。

3.组织检查登记

自查自纠方案制定后，领导小组分两组进行校容校貌大检查，首先对操场花圃等处逐一检查，然后分别对每一个教室、办公室进行检查，并对发现的问题一一登记，然后由后勤、政宣办公室梳理汇总。

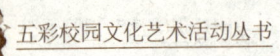

4.问题限期整改

集中整治对梳理出来的问题限期进行整治。

（1）彻底整治校园环境"脏、乱、差"现象。狠抓三扫即早上、中午、下午和每周五的大扫除，通过全面整治，教室，办公室达到窗明几净、无灰尘、无杂物、无蜘蛛网、墙面无乱涂乱画痕迹；地面整洁，无纸屑、果皮、烟头、痰迹、污物、废弃物、积水，厕所干净无异味，彻底清除卫生死角和四害滋生的场所。

加强对学生的养成教育，各班设立卫生监督岗，每节课后派卫生监督员到自己班上的清洁区轮流值守，清扫清洁区垃圾，制止在清洁区乱丢乱扔行为，把乱扔垃圾的同学交学校处理，保持清洁区的洁净，彻底解决校园内地面到处是纸屑食品包装袋的现象。

（2）添置垃圾桶多个，所有垃圾一律入桶，保持校园整洁、美观。

（3）规范校园内的各种标牌悬挂，教室围墙的黑板报和宣传栏的内容更换。

（4）对正门"整容"，即修补缺角，重新上漆。

（5）对教学楼、办公楼掉漆的贴字重新刷漆，掉了烂了的玻璃进行更换，车棚、栏杆铁艺围栏等进行修补加固。

（6）抓好校园绿化、美化，做到绿化地无枯枝树叶、无杂草。

5.营造氛围

营造健康优美的校园文化环境。规划校园硬件环境建设，如健身器材场地、跑道的修整，乒乓球场地的硬化。完善学校的校园广播系统，充分利用好学校的广播站，及时播发校园新闻、先进人物事迹和师生的优秀稿件，不断拓宽校园文化建设的渠道和空间。

组织丰富多彩的校园文化活动。积极开展各种健康有意义的课外文化活动，少先队大队部充分职能作用，结合学校校园环境与文化建设主题，经常组织学生开展各种比赛和活动，如环保科技小发明、爱校爱家演讲比赛、经典诵读比赛师生眼保健操、广播体操比赛等。

开展校园文化教育。运用学生喜闻乐见的形式进行教育。组织学生观看爱国主义教育片，利用入学、毕业、节日等有特殊意义的日子，开展主题教育活动。通过这些活动使学生从中受到直观熏陶和潜移默化的教育。

抓好学生日常行为规范教育和法制教育。制定规章制度，建立健全学生行为评价和反馈体系，不断促进学生良好行为习惯的养成。

学校校园的环境管理

　　所谓校园环境管理，就是将环境保护的理念融入到学校的教育教学及其他管理工作之中，将校园环境管理作为学校教育教学工作的重要组成部分，纳入学校整体发展规划，并且通过一定的行政、环境教育、技术和经济手段，建立起一套较为完善的学校一体化绿色管理制度，将提高管理效益、降低成本、减少学校的环境污染、改善工作流

程以及校园安全的理念体现在各项工作制度之中。使学校通过节约能源、节水、节电、资源回收措施等方面提高资源利用率，减少安全事故隐患，明显地减少浪费。

要达到的目的

1.环境效益

学校通过引入校园环境管理方法，有助于降低环境污染，合理使用资源和能源，改善师生工作工作与学习的环境，增强师生环境意识，提高师生员工的综合素质。

2.经济效益

学校通过节约能源、节水、节电、资源回收等技术管理措施提高资源利用率，明显地减少浪费，节约了学校经费开支，在取得环境效益的同时，达到一定的经济效益。

3.组织管理效益

学校通过引入校园环境管理方法，促进校内各部门之间沟通交流机制的建立，明确学校各级管理人员的责任分工，长期有效地改善学校的组织管理工作水平，提升学校社会形象。

4.健康安全效益

通过在学校实施校园环境管理方法，可有效改善学校的工作和学习环境，减少安全隐患，使师生员工在健康安全防护方面得到改善。

采取的必要措施

1.制度保障

建立切实可行的管理制度是学校校园环境管理的重要手段，制度的建立必须要有很强的针对性。可以采取一定的形式"走访"学校，发现学校在水、电、资源、环境、食物、安全等方面存在不足的地方，根据"走访"的结果，才能有的放矢地建立校园校园环境管理制度。制度的建立就是要控制和杜绝这些现象的发生。

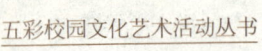

2.绿色行为教育保障

加强教育，养成良好的爱护环境和绿色行为习惯是贯彻校园环境管理条例行之有效的措施。

绿色行为教育，简单地说，就是借助一定的教育环境资源，使人们懂得有关环境知识、培养环境意识、环境道德，形成正确的价值观和具有环境素养及行为的教育。其实质也是一种社会可持续发展的教育，是社会发展的新生物，最终目的培养并形成有较高的综合环境素质的公民。

"绿色行为"专指减少噪声污染，保持安静，讲究卫生等文明行为、也就是素质教育的具体目标，使学生的环境意识和行为成为学校和风气的一个固有部分。因此，从这个意义上讲，加强环境教育，培养绿色行为，任重而道远。

3.环保技能保障

环境保护，不是每次号召师生节约用水用电就可以达到目的的。经过校园的走访调查，利用一定的方法技术，让环境数据可看、可测、可算、可控，使现有环境指标得以改善，这样才能真正起到环境保护的目的。

创建"绿色学校"

创建"绿色学校"活动，加强绿色学校校园管理，不仅是学校实施素质教育的重要载体，而且也是新形势下开展环境教育的一种有效方式。

1.预期目的

加深师生对环境问题和可持续发展思想的认识和理解，提高师生环境素质。

学校可通过环境教育提高师生的环境意识，不断充实和提高素质教育水平，促进学校环境管理体系和相关档案资料的建立，提高环教育的教学和管理水平。

学校通过节约能源、节水、节电，资源回收等措施提高资源利用率，减少事故隐患，明显地减少浪费。大力提倡可再生能源的利用，如学校学生宿舍的澡堂可安装太阳能热水器，节约学校财政开支，加强学校内部的管理。最后，学校能提高自己在本地区的声誉和形象，有利于学校自身的发展。因此学校也能成为环境保护教育和可持续发展教育的基地。

经对部分中小学进行的调查分析表明，加强绿色学校校园管理，节能降耗的潜力很大，有较大的社会效益和经济效益。

2.必要措施

（1）加强教育，培养环保和节能习惯。爱护环境和节约能源方面的教育在日常生活中是存在的，但多数人认为节约能源的教育只是可以的，而不是必须的，所以在人们的节能行动上也得不到很好的体现，需要加强。只有在节约能源教育上得到普遍认同，人们在这样不断深化的意识中才会在无意识的体现在行动上，那么这样节能的效果将得到很好的体现。

学校开设可再生能源课程的学校，其爱护环境和节能意识的习惯要明显好于其他学校，能源应用的学习上学生很有感兴趣。对于能源中大部分存在着污染的问题，加上常规能源的日益减少，大家都希望新能源在效能与环境保护中能带来更好的利益。学校通过教育，使学生养成爱护环境和节能习惯自觉行为。

（2）建立切实可行的管理制度是绿色学校校园管理的重要手段，制度的建立必须要有很强的针对性。

一些学校存在很多浪费资源的普遍现象：不在宿舍或办公室也让电脑开着，电脑开启时间太长。教室大白天也开着灯管。宿舍学习灯管、台灯一起开。教学区某些课室灯管设置太多，行政办公地方空

调浪费严重。饭堂剩饭剩菜，不随手关水龙头，让水流着。一次性饭盒、木筷。路灯等公共电设备在不需要的时候如白天仍耗电。在某些地方如宿舍区路灯耗电功率过高。计算机室的电脑长时间开启，却没有人使用。教学楼厕所水箱坏了，长期漏水，却没有人修理。

制度的建立就是要控制、杜绝这些现象的发生。

3.基本途径

（1）将环境管理纳入学校管理体系中，并制度化；

（2）学校环境管理程序化，按制定的规章制度和程序进行管理；

（3）重视学校环境管理规划，并使规划为学校师生和所在社区广泛了解，鼓励他们参与其中。关于这一点，常常被许多学校忽视；

（4）通过对学校师生环境行为的规范，达到环境管理的目的；

（5）重视校园文化建设，通过校园建设、课程、研究计划的实施和宣传活动等使学校成为培养具有环境素质人才的场所。

这些学校环境管理基本途径只是学校环境管理中应该加以特别重视的地方。实际工作中，学校的领导和教师都有许多切实可行的办法和措施，只要注意吸收新思想，总结经验，就能形成一套适合本校特点的环境管理方法。

校园环保节能方法指导

校园建筑的多样化、管理的复杂性以及社会关注度决定了校园节能减排解决方案是系统化的综合方案。资金来源、解决方案、技术人员、施工措施、评估效果都是学校关心的问题，因此实施校园节能减排工程应避免成为简单技术的堆砌。

节约型校园最终目标是实现节能量，实现节能减排指标性的目标。对于学校而言，将获得运行成本的降低与校园管理的高效化。

学校应该因教学研究属性、学生数、地理环境、建筑型态、设备型态新旧、经费来源等因素，可采取不同的节约能源手法。

物理节能

1.空调

压缩机或加装变频装置；热风扇装设变频控制；设备换新，淘汰耗能超出科学指标的旧设备；定期维护保养。

有专人负责保养：作定期保养，保养周期可因保养项目不同而有所不同，可平均约4次/年至1次/年。

2.照明

依据照明设备使用现况及使用行为，如果采取节约能源规划，可行的节能作法有很多。

（1）换装稳定灯管。换装电子式稳压器及高效率灯管。电子式稳压器与传统稳压器比较，可减少耗电约20%至30%，而三波长灯管比一

般灯管演色性及发光效率佳，可省电5%以上。

（2）照明设备清洁。灯具需作适度的清洁以维持其输出效率，清洁频率则依照明场所灰尘度多寡而定，一般建议值每年清洁4次以上。

（3）定期更换灯管。荧光灯会随使用时间的延长而产生一定的光衰值，在其寿命期内，一般约为600小时至7500小时，会有约20%的光衰，通常日光灯管使用至其寿命的80%时，输出光束约减为85%，以学校照明平均使用时数2000小时至2500小时/年而言，应于3年定期更换，以节省人工费用、提高照度。

注重灯具清洁及定期换装灯管不仅可维持照明品质，仍可降低因光衰及尘埃所需预留的照明需求，节省用电。

（4）照明管理。

在学校教学楼中，在照明系统中加装监控设备，在教室照明上课时亦可采用刷卡管理做法，在同学下课离开教室时就可拔卡切断电源，以减少设备不必要的开启时间。

宣传

制定能源管理制度；用电管制措施，如27℃以下或教室少于4人不开冷气等；各教室办公室所用电度数分级分配；节能宣导；充分利用学校宣传栏、广播站、网站等进行宣导；各类校园节能竞赛活动。

系统控制

1.路灯的无线路灯节电控制系统

2.校园动力用电节能控制系统

3.校园综合能源监测平台系统

安装分项或分类计量装置，通过远程传输系统等手段及时采集分析耗水耗数据，实现对学校内能耗水耗的实时动态监测。根据学校的用能用水特点，开展能源消耗即电、水、燃气、燃油、热量分季度、年度的调查统计与分析。

4.洗手间、水房节水控制系统

卫生间安装节能型水箱与红外线小便器控制开关；洗浴改用刷卡式控水系统。

5.供热与锅炉控制节能系统

强化食堂等生活设施节能，推广使用高效能灶具；开发新技术回收烟道中的热量用其加热冷水；将供暖系统由分散人工操作改为集中微机控制；开发太阳能或地热供暖新技术。

6.建立办公自动化系统，实现无纸化办公。

其他方面

1.生活垃圾分类

学生对垃圾分类回收认同度较高，在学校应采用"源头细分类"的方法。教学区的垃圾中可回收成分占75%以上，应采用"废纸+橡

塑+废金属"的分类方式、分楼层收集的模式，垃圾箱3个一组并排设置，楼底集中设废电池收集箱。

宿舍区的垃圾中可回收成分超过50%，可堆肥成分约15%，应采用"橡塑+废纸+废玻璃+布类+果皮"的分类方式、"宿舍内分类+楼层集中"的收集模式。

橡塑、废纸、废玻璃、布类由学生在宿舍内分类存放，然后由每幢楼的管理室负责将本楼可回收成分集中收集。每层楼并排设置两个垃圾箱，分别收集果皮和渣土。

食堂产生的垃圾种类较单一，大部分是厨余垃圾，产生量大且时间集中，采用"单独收集+及时处理"的模式。将厨余垃圾用垃圾桶收集或购买小型专用堆肥机器将垃圾转化。

在垃圾处理方面可以通过出售先进的垃圾分类桶与小型堆肥机器、

帮助建立垃圾回收中心、建立再生资源交易的市场体系与学校合作。

2.新能源的利用

开展太阳能、地热、沼气等新能源，节能建筑技术，分散式污水处理技术，垃圾堆肥技术等节能减排科技的应用。

3.校园建设

为新校园建设提供规划，充分利用现有的土地资源与自然景观进行规划建设，大力推广绿色建材、新型墙体材料和散装水泥，墙体节能系统提高校园公用建筑整体用能效率，实现节地、节材的目的。

4.合同机制

不但提供完善的节能改造方案与系统的、先进的节能控制产品，还能为学校的节能项目进行投资或融资，向学校提供能源效率审计、节能项目审计、原材料和设备采购、施工、监测、培训、改造、运行管理等服务。

NO5.学校日常环境管理制度

小 学 生 守 则

一、热爱祖国，热爱人民，热爱中国共产党。好好学习，天天向上。

二、按时上学，不随便缺课。专心听讲，认真完成作业。

三、坚持锻炼身体，积极参加课外活动。

四、讲究卫生，服装整洁，不随地吐痰。

五、热爱劳动，自己能做的事自己做。

六、生活俭朴，爱惜粮食，不挑吃穿，不乱花钱。

七、遵守学校纪律，遵守公共秩序。

八、尊敬师长，团结同学，对人有礼貌，不骂人，不打架。

九、关心集体，爱护公物，拾到东西要交公。

十、诚实勇敢，不说谎话，有错就改。

校园环境管理的暂行规定

1.为加强中小学校校园环境的管理，创设良好育人环境，保障学校和教职工、学生的合法权益，保证学校教育教学活动的正常进行，特制定本规定。

2.本规定适用于全日制普通中学、小学校内环境及所处周围环境的管理。

3.学校是教职工和学生工作、学习、生活的主要场所，应做到环

境整洁优美，风气积极向上，设施完好，秩序正常，成为社会主义精神文明建设的阵地。

4.在学校创设良好的育人环境，建立正常的教育教学秩序，维护教职工和学生的合法权益，是校长工作的重要职责。校长应该负责将校园环境建设列入工作计划，采取措施，组织实施。上级教育行政部门应将学校校园环境的管理状况列为对校长工作考核的一项重要内容。

5.校园内教学区、体育活动区、生活区和生产劳动区等布局应合理，避免相互干扰；学校校舍应坚固、适用，并按有关规定加强管理和维护；学校校园要绿化、美化。

6.学校要形成方向正确、健康文明、积极向上的校风；并严格按照中、小学生日常行为规范要求和训练学生。

教师要模范执行《中小学教师职业道德规范》，言行一致、以身作则、为人师表。

7.校长要严格按照国家颁布的教学计划，建立正常的教育教学秩序。不经批准，不允许任何单位或个人组织学生停课参加社会活动。

8.要严格执行中小学升降国旗制度。国旗要符合规定，无破损、无污迹、旗杆直立、位置适宜。

9.学校要按规定悬挂领袖像，张贴中华人民共和国地图和世界地图，张贴中、小学生日常行为规范和守则，并积极创造条件设置板报、阅报栏、供展览用橱窗，开辟图书室、阅览室、团队活动室和教育展览室。

10.不允许任何单位或个人在学校中进行宗教活动，不允许在学校向学生宣传宗教。

11.严禁在学校宣传或传播暴力、凶杀、色情、恐怖、迷信的图书报刊及音像制品。坚决抵制赌博、酗酒、不健康的歌曲和封建迷信活动对学生的影响。

12.不允许任何单位或个人在校园内从事以师生为消费对象的盈利性活动。

13.学校要建立安全教育制度。在教学设施，饮水、饮食，取暖、用电，开展体育、劳动和其他集体活动等方面采取安全防范措施，保证师生安全。

学校要建立安全保卫制度。财务、档案、食堂、宿舍、各类专用教室、传达室等部门和场所要指定人员负责，建立岗位责任制，严格管理。节假日要安排人员值班、护校。

非学校人员未经许可不得进入学校。非学校及学校人员的车辆未经允许不得进入或穿行学校。经许可进入学校的车辆要按规定路线行驶，不得影响学校教育教学活动。

14.学校要按照有关规定，建立公共卫生制度。

校园要整洁、有序。宿舍空气流通，被褥干净，物件安置有序。食堂卫生符合国家有关规定。厕所的设置应符合国家标准，保持清洁。并严格执行《中华人民共和国传染病防治法》，预防传染病在校园内传播。

15.不允许任何单位或个人依傍学校围墙或房墙构筑建筑物。

不允许校园周围的建筑影响学校教室采光、通风。对已经造成影响的，应要求有关单位或个人按当地政府有关部门规定的限期治理。

不允许任何单位或个人在学校周围从事有毒、有害的污染包括噪声环境的生产经营活动，或设立精神病院、传染病医院。对已经造成危害和影响的，应要求其按当地政府有关部门规定的限期治理或搬迁。

16.执行文化部、公安部的规定，不允许任何单位或个人在学校门前200米半径内设置台球、电子游戏机营业点。不允许在学校门前和两侧设置集贸市场、停车场，摆摊设点，堆放杂物。

17.不允许任何单位或个人在学校所属地域内放牧、种植作物、打

场、堆物、取土、采石。并严禁在校园内建造、恢复祠堂、庙宇、坟茔等，

18.违反本规定的，应依具体情况，按以下办法对有关责任人员进行处理：

（1）属学校行政管理不当的，当地教育行政部门应令其限期改正；工作中发生错误，造成一定影响的，当地教育行政部门应对校长及其他责任人员进行批评教育；因工作失职、渎职造成后果者，当地教育行政部门或上级主管部门应追究其行政责任，后果严重的，提请政法部门依法追究刑事责任。

（2）属工商管理范畴的，提请当地工商行政管理部门依有关法规处理。

（3）属民事范畴的，提请当地司法部门依法处理。

（4）属违反治安管理处罚条例的，报请当地公安部门依法处理。

（5）对构成犯罪的，交由政法部门追究刑事责任。

19.认真执行和维护本规定成绩显著的单位或个人，由当地人民政府和教育行政部门予以表彰和奖励。

学校校园环境管理方案

为保障学校正常工作和发展，维护学校广大教职工、学生和居住、生活在校园内人员的切身利益，特制订《学校校园环境管理方案》。

人员管理

本校教职工、学生、家属、子女需凭学校相关证件出入校园；本校教职工、学生、家属、子女出入封闭管理的住宅小区时须服从物业公司管理并主动出示证件。

在学校居住和有固定工作单位的临时工，经审批后可办理相关证件进入本人的住宅小区或工作区域；未经允许不得进入其他封闭管理的住宅小区。

非本校人员和在校园内生活的业主到我校办公、送货、走访亲友时需凭有效证件或登记后出入。谢绝其他外来人员进入校园。

户外活动管理

学生团体应当在宪法、法律、法规和学校管理制度范围内活动，接受领导和管理。学校提倡并支持学生及学生团体开展有益于身心健康的学术、科技、艺术、文娱、体育等校园文化活动。

本校学生组织户外活动组织项目由学生处、团委审批，活动地点由保卫处审批并在指定地点进行，不得影响学校正常的教育教学秩序和生活秩序。

校工会、体育部、学校机关组织的校内人员参加的活动要报保卫

处备案，并由保卫处派保安维持秩序。

二级工会、中、小、幼组织的活动要经校工会审批、管理，并报保卫处备案和指定地点。

任何组织不得参与非法传销和进行邪教、封建迷信活动；不得从事或参加有损学校形象、有损社会公德的行动。

涉及校外人员参加并有车辆进出校园的大型活动，主办单位必须提前两天报学校保卫处审批。

未经允许，任何个人或单位不得在校园内进行任何性质的商业活动。

宣传品张贴、悬挂和场地管理

各单位悬挂横幅含各种与商业活动有关的横幅，设置充气拱门，施放气球等，均须到宣传部办理有关审批手续，经批准才能布置，并在限定的时间内撤除。宣传部根据学校的规定最长在两个工作日内对可否设置，设置的内容、地点、时限等进行审批，超过规定时限没有答复视为同意。

全校各单位张贴的各种布告、通告、通知、启事、海报、展板、

广告等必须使用正确的语言文字，并张贴在指定的位置，不得在校内的建筑物、树干等处随意张贴，或在校园道路旁自行设牌张贴。

校园内的各种指示标记含各类广告标识由综合管理办公室和保卫处统一规划设立，各单位不得擅自在校园内设立标记。学校校园综合管理办公室将组织专家对悬挂标语、张贴广告的设施和场地进行专门规划和建设，并会同有关部门对各单位所需要的宣传场地和设施按类型进行建设和分配。

各单位悬挂、张贴的宣传品原则上保留七天。七天后由本单位自行拆除，逾期不拆的由学校物业公司拆除并收取工作费用。对不遵守学校规定的单位学校还将给予通报批评。

未经允许，校外任何单位和个人不得在学校任何地方悬挂标语、张贴、派发广告或进行其他商业性质的宣传活动。一经发现，学校值勤人员将立刻进行制止并劝其离开。对多次教育仍不听劝阻者，学校将对相关个人或单位采取强制措施和行政手段。

校园商业点、餐饮场所管理

校园内严格控制商业活动，需设商业点的单位或个人必须向学校总务处和后勤集团商业服务中心申请，陈述理由和内容，经批准，办理有关手续，领取商业许可证后方可营业。

经批准的商业点、餐饮场所须遵守学校的规章制度，在指定的地点、限定的时间和范围内营业，不得随意扩大活动的范围或延长活动的时间，不得哄抬物价或随意涨价，不得随意张贴、悬挂广告或做虚假广告，并负责搞好活动地点的环境卫生。

学校商业点的设置和餐饮场所的经营范围，必须按学校的统一规划和要求执行。必须按照国家有关规定办齐各种相关证照，依法经营。销售和从事食品经营的单位和个人，必须具备卫生防疫部门核发的"食品卫生许可证"和从业人员"健康证"。严把食品安全卫生

关。禁止销售具有赌博性质或任何危害学生身心健康的物品，严禁售卖过期、变质食品和伪劣产品。若证照不全或没有办理相关证照的，将依法限期整改直至取缔，并追究有关责任人的责任。

业主应对经营的商业点、餐饮场所进行经常性安全防火检查。自觉遵守《中华人民共和国安全生产法》等有关安全管理法规和标准，防止火灾等事故发生。发生事故时，应及时报警，组织抢救，及时向有关部门报告。严禁未经批准私自乱拉乱接电线，禁止使用明火炉灶等。

各商业点、餐饮场所必须严格按学校作息时间规定，在夜间11点前停止营业。严禁经营任何产生噪音，对校园环境造成危害，影响教职工身心健康的项目。

未经允许，学校物业公司、学生社团、单位和个人不得私自在校园内摆摊设点进行商业活动。

校园公共设施管理

校园公共设施，是指本校区内道路主干道、支干道、人行道、围墙、球场及其围网、教室课桌椅、供配电设施、给排水设施、公共建筑物及其附属设施。学校总务处是学校公共设施的主管单位，总务处委托后勤集团具体执行现场管理职责，其他任何单位和个人不得私自处置。

学校公共基础设施是学校的公共财产，校内所有单位或个人都有保护学校公共基础设施及其附属设施的权利和义务，对损害公共基础设施及其附属设施的行为，有权进行监督、检举和控告。

在学校道路及其附属设施范围内，禁止擅自占用或者挖掘学校道路；禁止未经批准堆放物料、摆摊设点、施工作业、设置临时设施；禁止倾倒垃圾，污水等废物；禁止履带车、铁轮车、超限车辆擅自在学校道路上行驶；禁止在学校道路上冲洗车辆或学驾车。

在学校给排水设施范围内，禁止擅自改动管线、检查井、雨水

井；禁止开挖取土、堆放物料、倾倒垃圾或易燃、易爆危险品；禁止向污水管道排放超过规定排放标准的污水，禁止其它危害给排水设施及附属设施安全的行为。

学校供配电设施范围内严禁攀登供电杆线、配电变压器和路灯杆；严禁在供配电设施上搭线、挂物，搭建建筑物，堆放物料；严禁损坏供配电设施和擅自迁移供配电设施。严禁私拉乱扯电线。未经总务处批准，任何单位不得私装空调。

校内其他单位布置网络线、电话线、广播线、监控线或其它线路必须取得总务处的批准后方可施工，严禁在校园内乱布线。

校园环境卫生、绿化管理

校园环境卫生指校园内及学校周边环境的清洁卫生工作。校园环境绿化严格按照校园总体规划执行。

总务处作为学校环境卫生、绿化的规划、主管、监督部门，按学校与物业公司签订的有关协议，定期对其进行指导、监督和考核评估。各物业公司必须服从学校对环境卫生的维护和整体安排。

除物业公司管理外，学校各单位、商业点、餐饮场所要对自己所在地门前的清洁、绿化起维护和保养作用。各院系、行政部门要教育学生和教职工自觉遵守学校有关规定，做文明人，共同创建美好校园。

严禁破坏校园内的花草树木、公共绿地。对损坏花木和公共绿地者，学校将进行批评教育，情节严重者将给予罚款处罚。

禁止在校园内随地吐痰、乱扔果皮、纸屑、烟头、饭菜等其它不文明的行为；禁止向校园湖内投掷石头、丢弃废物、排放污水；禁止向室外乱倒污水、乱扔垃圾；禁止在办公楼、宿舍楼、走廊、盥洗室及厕所内用火处理废纸、杂物；严禁将火种倒入垃圾箱内。

影响校园环境相关现象管理

装修噪音。任何单位或个人装修必须预先申报并得到批准后方可

开工。装修时间严格控制在上午8：00至12：00，下午2：30至8：00。

有噪音的活动。任何单位组织的活动不能影响校园正常的秩序，不得影响师生员工的正常休息。学校大型活动、学生活动要控制音量；餐饮场所，娱乐活动晚上开展不得影响师生员工的正常生活。活动时限为7：00至12：30；14：30至22：00。

严禁任何单位和个人在校园内摆摊设点或进行与商业活动有关的业务。经批准的单位，要按指定的范围和时间经营。

校园养狗。禁在校园内饲养家禽、家畜和其他宠物，合法养狗者不得把狗或其他宠带到教学区或其他公共场所；乱挂衣物。严禁在围栏、树杈、树干等公共建筑设施上挂晒衣被等物。在阳台或其他地方晾晒衣被应不影响学校环境景观；公共场所踢球。严禁在室内、走廊、门厅和绿化地带、建筑物周围以及道路地区打球、踢球。因此类活动造成公物窗损坏的须赔偿。

临时人员管理。严禁基建工地工人、校内从事其他工作的人员和散步、休闲人员衣冠不整在校园走动或在草坪等公共场所躺睡，非本校教职工和学生不得占用学校运动场地或其他公共场地活动；收买垃圾旧电器等。除物业公司外严禁外来人员在校园收垃圾或到大型活动场所抢收垃圾。严禁外来人员到垃圾箱翻检垃圾。严禁外来人员到校内叫买，收购垃圾和旧物品。物业公司清洁人员不得将垃圾车乱停乱放，并注意清洁时间和自身形象。

学校将组织专人对校园环境进行检查和巡视，对不服从学校管理规定的单位和人员学校将利用教育、劝说、制止、通报等方式进行处理。学校希望全校师生和社会各界人员理解、支持、配合学校的工作并对所有关心、理解、支持学校工作的人员表示衷心地感谢！

校园环境管理制度准则

公共区域清洁管理准则

1.为了保持学校公共区域的清洁卫生，特制定本准则。

2.楼层的环境卫生是指走廊、电梯间、楼层服务台、工作间、消毒间、走廊楼梯等。

3.走廊卫生工作包括走廊地毯、走廊地面、走廊两侧的防火器材和报警器的清扫、擦拭等。

4.楼层服务台卫生工作包括服务台面的擦拭、服务台里面的卫生清扫，整理各种用具等。

5.电梯间的卫生工作包括拖地、清理烟灰桶、擦拭楼面指示牌和电梯间的吊灯。

6.工作间是楼层存放物品的地方，各种物品要分类摆放，做到整齐、安全。

7.防火楼梯要保持畅通，经常擦拭楼梯扶手、门框，拖洗楼梯。

8.消毒间的卫生工作包括地面卫生、柜橱卫生和清洗池内外卫生、热水器擦拭等。

校容校貌管理制度

1.认真做好"校门清"工作，具体落实到门卫。

2.校园内严禁乱搭、乱建、乱张贴、乱停车，因工作需要临时布置内容完毕后应及时撤除。

3.保证校舍完好无损，各类设备完好，发现问题，及时安排落实修理。

4.校园环境由专人划地包干，定时打扫，定期疏通下水道，做到路面平整、清洁，绿化地块内无纸屑、塑料袋等杂物。做好垃圾箱外表清洁卫生工作。

5.厕所内无积垢、无臭味。瓷砖无积灰，定期放置卫生球，保证厕所及饮水房水管、水斗、水箱完好，无破损漏水。

6.做好校园绿化及宣传工作，加强春栽、夏剪、秋管、冬保工作，及时施肥浇水，做好病虫害防治工作。

7.认真落实绿化法规，经常与上级领导及区绿化办、园林管理部门沟通，及时做好花、木、花种的改造，让绿化品位跨上一个新的台阶。

8.与有关部门团结合作，做好学生劳动值周工作，保证校容校貌整洁舒适。

卫生间清洁管理制度

1.所有清洁工作必须自上而下进行。

2.放水冲入一定量的清洁剂。

3.清除垃圾杂物，用清水洗净垃圾桶并用抹布擦干。

4.用除渍剂清除地胶垫和下水道口，清洁缸圈上的污垢和渍垢。

5.用清洁桶装上低浓度的碱性清洁剂彻底清洁地胶垫，不可在浴缸里或脸盆里洗。桶里用过的水可在清洁下一间卫生间前倒入其厕内。

6.在镜面上喷上玻璃清洁剂，并用抹布清洁。

7.用清水洗净水箱，并用专备的擦杯布擦干。

8.清洁脸盆和化妆台时，如有遗留物品放在台上，应小心移开，待将台面抹净后仍将其复位。

9.用海绵块蘸少许中性清洁剂擦除脸盆镀锌件上的皂垢、水斑，并随即用干抹布擦亮。禁止用毛巾作抹布。

10.厕所坚持每天早中晚三小扫，逢节加倍扫，每周一次评比制度。

11.厕所管理实行包干到班，责任到人，要求天天有人管理，个个相互监督。

12.厕所里不得随地吐痰、便溺，不得涂画墙壁，不得破坏公共设施。

13.不得将硬纸和杂物丢入便坑内，不得将污水、泥沙倒入便池内以免堵塞。

14.大小便后要用水把便坑冲洗干净，养成便后洗手习惯。

15.厕所开窗通风，擦洗门窗，清洗灰尘，讲究洁具卫生。

学校卫生管理制度准则

校园环境卫生管理

1.不乱倒垃圾，不乱扔果皮、纸屑、烟头等。

2.不随地吐痰，不在院内随地大小便。

3.不在墙壁、线杆、树木上乱写乱画，不乱贴标语、广告等。

4.不从楼上向下倒水，倒垃圾，扔果皮、纸屑、垃圾袋等。

5.不践踏草坪，攀折花木。

6.不损坏校园内的卫生、美化设施，如：垃圾筒、座椅、花篱、花坛等。

7.不在道路及公共场所乱堆乱放物料。

8.各责任区内的绿化带及公共区域要保持清洁，要清除碎砖碎石。

9.及时清除花坛及灌木丛里的杂草、树叶。

10.绿化带及公共区域无纸屑，无垃圾袋，无飘挂物，无各种饮料包装袋、盒等。

11.任何人不得在树上、绿篱和灌木丛上晾晒衣物，以及摆放有碍校容观瞻的物品。

办公室卫生管理

1.随时保持室内整洁，做的地面和室内设施干净。

2.门窗玻璃明亮，无张贴物。

3.办公家具无积垢，擦拭干净。文件橱内文件资料摆放整齐。

4.室内物品摆放要整齐有序，桌面、柜顶等处不得摆放杂物。

5.室内外墙面不得乱贴乱遮盖，要规则统一的制作张贴墙。

6.桌面上规定摆放的用品有：电话、笔或笔筒、水杯、台历，当天办公用品及材料。非当天办公用品及材料入柜保存，随用随取。

教室卫生管理

1.保持教室地面清洁，无堆放垃圾、脏物等。

2.不得随地吐痰，乱扔纸屑，严禁向窗外、走廊扔垃圾和泼水。

3.讲台、课桌椅洁净，无乱涂乱画。

4.严禁在教学楼内，教室内吸烟。

5.桌洞内保持整洁，杂物及时清理。

6.门窗洁净明亮，玻璃无破损，无张贴物。

7.课桌椅摆放整齐，损坏的课桌椅及时报修。

8.课后黑板及时擦拭干净，黑板沿内粉尘及时清扫。

9.严禁在教室内就餐、吃零食。

10.室内外墙壁上不得乱写乱画，不得乱贴乱遮盖。

11.墙报、标语、通告、课表等粘贴要设专栏且要整齐美观。

12.天花板、墙面及灯具（罩）无积垢，无灰网、蛛网。

班级卫生管理

1.班级是学校卫生的基础，是教学的固定场所，各班必须建立健全学生卫生制度，分工明确责任到人，保证教师包干区天天有人打扫，做到窗明几净，卫生无死角。

2.各班教室须配备足量的清洁卫生用具，班级应设置垃圾桶。

3.班委会中应设置卫生委员，协助班主任管理班及包干区的卫生工作。

4.首席导师及各任课老师应经常教育学生培养良好的卫生习惯，积极参加公益劳动。保持校园、校舍、教室、各功能室、实验室的卫

生，不随地吐痰、不嚼口香糖，不乱扔果皮纸屑，不乱涂抹乱刻画，不乱倒污水、垃圾。班级的垃圾实行袋装化。

5.不用脚踢门窗及各种水电开关和其他设施，不在黑板上、墙壁上、玻璃上、门窗上、宣传栏上留下污痕迹、脚印、手印。全体教职工对学生的不卫生、不文明的行为应及时给予纠正和批评。

6.学校将班级卫生工作纳入德育工作管理机制中，并与首席导师日常管理挂钩，实行日评、周累、月考核。

学生宿舍卫生管理

1.宿舍卫生管理

（1）学生宿舍要安排好值日表，轮流每天值日，保持好室内卫生清洁。

（2）地面整洁、无垃圾、无积水，不随地吐痰和乱扔废纸、果皮及向宿舍走道泼污水。

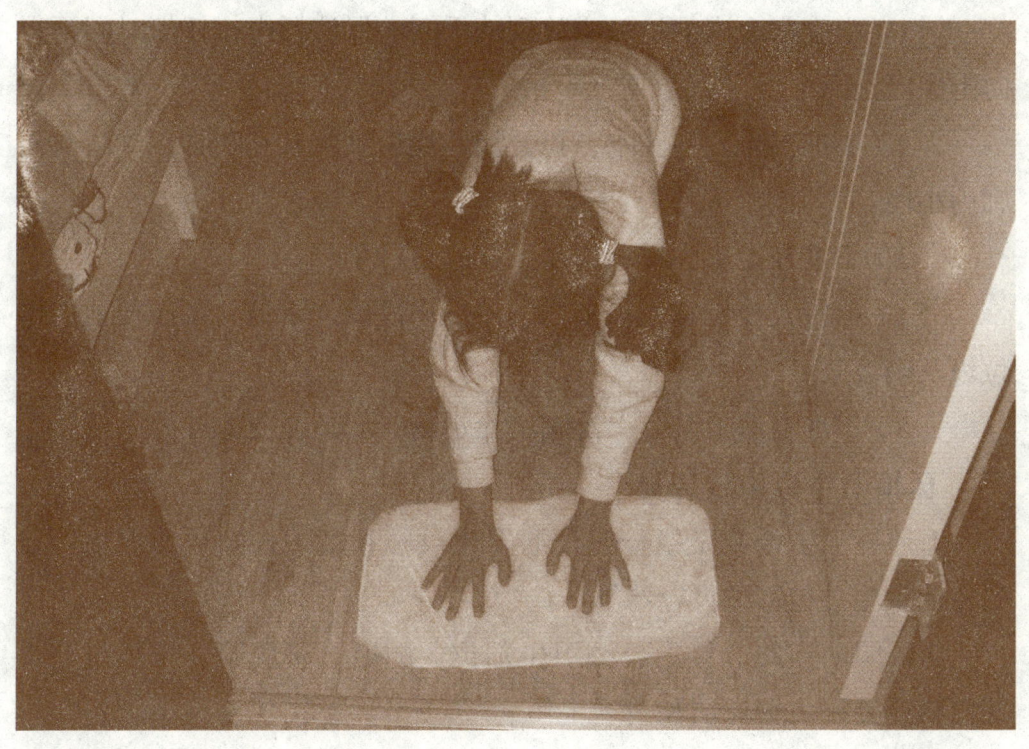

（3）不准向窗外扔东西、吐痰、倒水。

（4）阳台地面要整洁、无垃圾、无积水、无杂物。

（5）按时起床，床铺被褥要叠放整齐，床上不准堆放衣物。

（6）不准在室内外墙壁上乱贴、乱写、乱画，不得乱挂衣物及其他物品。

（7）室内家具要摆放整齐，桌面干净，不准乱放物品。

（8）床下干净，鞋子、洗刷用品统一摆放整齐。

（9）门窗玻璃、日光灯要保持干净，窗台不乱放物品。

（10）严禁在室内自炊、烧废纸及其它杂物。

（11）住宿学生一律不得在室内喝酒、吸烟、打扑克、打麻将。

（12）不准向水池、小便池内倒剩饭、剩菜及其他杂物。

（13）个人卫生要保持整洁干净，保持室内卫生干净，无异味。

2.公共卫生管理

（1）学生宿舍内的垃圾应放到洗手间的保洁桶内，任何时间不得向走廊内倾倒垃圾。

（2）不准向走廊内泼水，扔垃圾、烧废纸及其它杂物，严禁在走廊内小便。

（3）不准在走廊内堆放物品、存放自行车。

（4）剩饭菜要倒在垃圾桶内，不准向洗刷间水池、厕所便池内倒垃圾及剩饭菜。

（5）不准在墙上乱写、乱画、涂污物，严禁在便池外大小便。

环境卫生设施与管理

1.环境卫生设施是指校园公共卫生设施和维护校园环境卫生作业的专业设施。包括垃圾容器等。

2.校园内道路、楼内公共卫生部位、厕所、果皮箱、垃圾点收集等由物业公司负责保洁和清运工作。

3.垃圾容器的设置，由管务中心按规定标准设置，并负责整修、维护。

4.任何部门或个人不得破坏和擅自拆除、移动、占用卫生设施。因建设需要必须拆除或移动的，建设单位必须提前提出拆除迁移方案，报管务中心批准。

5.部门、单位和个人因工作需要在校园内悬挂横幅、张贴宣传标语等应在指定位置，并负责事后收回或清理。

6.在校园内设置商业摊点、电话书报亭应经学校统一规划、布置，校内严禁叫卖。

7.校园内水电暖、通话设施及道路、场坪等地，有关部门应经常巡视，及时维护、防止跑、冒、滴、漏，消除事故隐患。

8.个单位和个人应当尊重环境与卫生工作人员的劳动，不得妨碍、阻挠、保洁人员履行职责。

爱环境讲文明行为规范

自尊自爱，注重仪表

1.维护国家荣誉，尊敬国旗、国徽，会唱国歌，升降国旗、奏唱国歌时要肃立、脱帽、行注目礼，少先队员行队礼。

2.穿戴整洁、朴素大方，不烫发，不染发，不化妆，不佩戴首饰，男生不留长发，女生不穿高跟鞋。

3.讲究卫生，养成良好的卫生习惯。不随地吐痰，不乱扔废弃物。

4.举止文明，不说脏话，不骂人，不打架，不赌博。不涉足未成

年人不宜的活动和场所。

5.情趣健康，不看色情、凶杀、暴力、封建迷信的书刊、音像制品，不听不唱不健康歌曲，不参加迷信活动。

6.爱惜名誉，拾金不昧，抵制不良诱惑，不做有损人格的事。

7.注意安全，防火灾、防溺水、防触电、防盗、防中毒等。

诚实守信，礼貌待人

8.平等待人，与人为善。尊重他人的人格、宗教信仰、民族风俗习惯。谦恭礼让，尊老爱幼，帮助残疾人。

9.尊重教职工，见面行礼或主动问好，回答师长问话要起立，给老师提意见态度要诚恳。

10.同学之间互相尊重、团结互助、理解宽容、真诚相待、正常交往，不以大欺小，不欺侮同学，不戏弄他人，发生矛盾多做自我批评。

11.使用礼貌用语，讲话注意场合，态度友善，要讲普通话。接受或递送物品时要起立并用双手。

12.未经允许不进入他人房间、不动用他人物品、不看他人信件和日记。

13.不随意打断他人的讲话，不打扰他人学习工作和休息，妨碍他人要道歉。

14.诚实守信，言行一致，答应他人的事要做到，做不到时表示歉意，借他人钱物要及时归还。不说谎，不骗人，不弄虚作假，知错就改。

15.上、下课时起立向老师致敬，下课时，请老师先行。

遵规守纪，勤奋学习

16.按时到校，不迟到，不早退，不旷课。

17.上课专心听讲，勤于思考，积极参加讨论，勇于发表见解。

18.认真预习、复习，主动学习，按时完成作业，考试不作弊。

19.积极参加生产劳动和社会实践，积极参加学校组织的其他活动，遵守活动的要求和规定。

20.认真值日，保持教室、校园整洁优美。不在教室和校园内追逐打闹喧哗，维护学校良好秩序。

21.爱护校舍和公物，不在黑板、墙壁、课桌、布告栏等处乱涂改刻画。借用公物要按时归还，损坏东西要赔偿。

22.遵守宿舍和食堂的制度，爱惜粮食，节约水电，服从管理。

23.正确对待困难和挫折，不自卑，不嫉妒，不偏激，保持心理健康。

勤劳俭朴，孝敬父母

24.生活节俭，不互相攀比，不乱花钱。

25.学会料理个人生活，自己的衣物用品收放整齐。

26.生活有规律，按时作息，珍惜时间，合理安排课余生活，坚持锻炼身体。

27.经常与父母交流生活、学习、思想等情况，尊重父母意见和教导。

28.外出和到家时，向父母打招呼，未经家长同意，不得在外住宿或留宿他人。

29.体贴帮助父母长辈，主动承担力所能及的家务劳动，关心照顾兄弟姐妹。

30.对家长有意见要有礼貌地提出，讲道理，不任性，不要脾气，不顶撞。

31.待客热情，起立迎送。不影响邻里正常生活，邻里有困难时主动关心帮助。

严于律己，遵守公德

32.遵守国家法律，不做法律禁止的事。

33.遵守交通法规，不闯红灯，不违章骑车，过马路走人行横道，不跨越隔离栏。

34.遵守公共秩序，乘公共交通工具主动购票，给老、幼、病、残、孕及师长让座，不争抢座位。

35.爱护公用设施、文物古迹，爱护庄稼、花草、树木，爱护有益动物和生态环境。

36.遵守网络道德和安全规定，不浏览、不制作、不传播不良信息，慎交网友，不进入营业性网吧。

37.珍爱生命，不吸烟，不喝酒，不滥用药物，拒绝毒品。不参加各种名目的非法组织，不参加非法活动。

38.公共场所不喧哗，瞻仰烈士陵园等相关场所保持肃穆。

39.观看演出和比赛，不起哄滋扰，做文明观众。

40.见义勇为，敢于斗争，对违反社会公德的行为要进行劝阻，发现违法犯罪行为及时报告。

保护校园环境卫生的建议

　　校园环境卫生的好坏直接影响到老师和同学们的工作、学习和生活。如今，在校园里，有散落着同学随意乱扔的瓜子壳、糖果纸、塑料瓶等。每当风一吹起，这些垃圾就在校园里"翩翩起舞"，所有这一切，都跟洁净的校园极不相称。

　　"学校是我家，清洁靠大家"，没有哪一个同学希望在一个垃圾遍地的环境中学习、生活。

指导思想

1.爱校如家，从我做起

坚决不在学校门口买小摊上的食物；不破坏学校的防护板、宣传栏、墙壁等公共设施；体育课及课间不将废弃物随意乱丢，不从网球场购买零食，不随地吐痰，在指定地点倒垃圾，看到地面上有纸屑、果皮、塑料瓶等，主动捡起来，放到垃圾桶里。要以爱护校园环境为己任，自觉维护校园的整洁，认真尽职做好清洁值日工作。

2.积极向上，健康成长

自古以来，中华民族就是文明礼仪之邦，文明礼仪是生活、学习的根基，是学生健康成长的摇篮。学生要继承中华民族的优良传统，尊敬师长，团结同学，穿着朴实大方，不留怪发，不戴首饰，不吸烟，不喝酒，杜绝一切不良习惯，以清新自然的面貌去努力学习，让令人羡慕的青春年华闪闪发光。

3.专人执勤，文明监督

学校学生会成员，要承担起责任，并在校园内挂牌监督。请同学们自觉遵守校园卫生及个人卫生，如有不良行为被发现，且认错态度不端正，屡次犯错者。执勤人员有权记录其班级姓名，并在大会上点名批评。

人人都渴望拥有一个美好的家园，人人都希望生活在人与自然和谐发展的文明环境里，学生是学校的主人，因此，学生要行动起来，自觉增强保护校园环境的意识，让知识在健康的环境中传播，让美好的青春在纯净中飞扬！

常用宣传

1.请您爱护绿色，绿是生命之源。

2.踏破青毡可惜，多行数步无妨。

3.用爱心呵护每一片绿色。

4.绕行三五步，留得芳草绿。

5.茵茵绿草地，脚下请留情。

6.小草给我一片绿，我给小草一份爱。

7.我爱花，我爱草，我爱青青小树苗。

8.芳草依依，大家怜惜。

9.心中有情，脚下留情。

10.天是蓝的，草是绿的，心是纯粹的。

11.少一串脚印，多一份绿意。

12.请让我们的腰杆永远挺直！

13.我很怕羞，请别碰我！

14.花草是我的朋友，请多一份爱护！

15.请让我们的校园永远充满绿色。

16.草儿绿.花儿香，环境优美人健康！

17.鲜花还需绿叶扶，学校更需同学护！

18.有了您的真心呵护，学校才会更加美丽！

19.小草对您微微笑，请您把路让一让。

20.一花一草皆生命，一枝一叶总关情。

21.绿色明亮了我们的眼睛，是为了让我们看清足下绿的生命。

22.手上留情花自香，脚下留意草如茵。

23.拯救地球，一起动手。

24.保护环境，从我做起。

25.追求绿色时尚，拥抱绿色生活。

26.心动不如行动，去怨不如去干。

27.喝洁净的水，呼吸新鲜的空气，这需要您每时每刻爱护环境！

28.手下留情花更艳，脚下留情草更翠。

29.你珍惜我的生命，我还你一片绿荫。

30.多一声谢谢，多一个朋友，多一声抱歉，多一份宽容。

31.你挥一挥袖，不带走一片云彩。我动一动手，不留下任何纸屑。

32.当你不要我时，请把我送回家。

33.注意了，每个人都看见你在这里的一举一动。（走廊）

34.轻轻地我走了，正如我轻轻地来。（图书馆）

35.小草青青，脚下留情。

36.小草正睡觉，请你勿打扰。

37.编织爱心，保护环境。

38.学校是我家，人人都爱它。

39.花香阵阵，鸟鸣声声。琅琅书声，浓浓情深。

40.人人参与环境保护，个个争当绿色天使。

41.走一走，看一看，花红柳绿美无限。

42.花木有情报春晖，同学爱护喜心扉。

43.你来绕一绕，我来笑一笑。

44.问坛哪得绿如许，为有大家来爱护！

45.创建绿色校园，从你我做起。

46.美化生活，净化心灵。

47.建设绿色校园，增强环保意识。

48.创造绿色时尚，拥抱绿色生活。

49.绿色校园，绿色生活。

50.绿色是我们的家园。

51.它失去了保护，我们就失去了健康。

52.给我一片绿，还你一片荫。

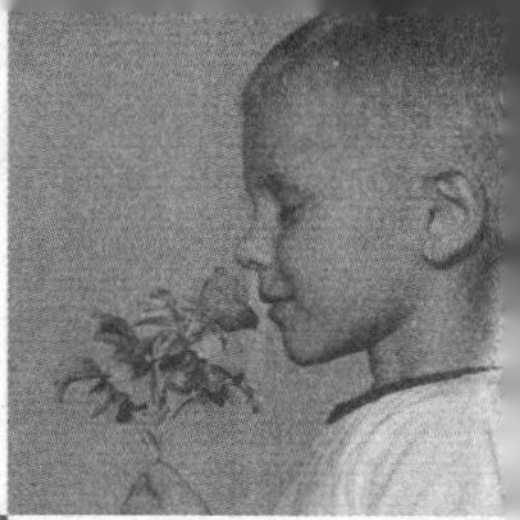

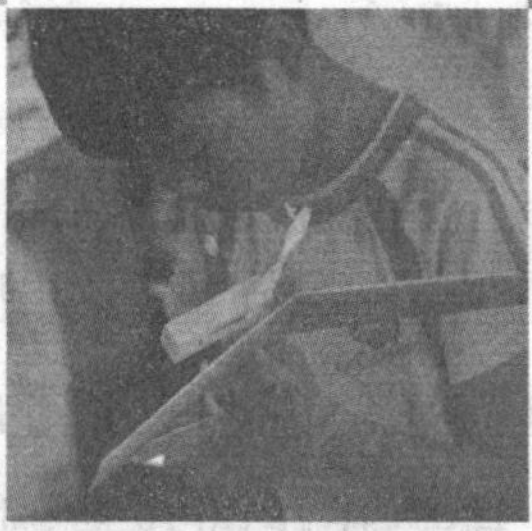

NO6.学生热爱环境教育主题活动

保护环境，从我做起

活动背景

现在社会的环境仍存在一些问题。如路面打扫天天进行，出动的人力也很多，但保持的不好，说明人们的意识不到位；树木植的很多，但遭破坏的也多，尤其是开花的花草树木；废水交由污水处理厂处理，但一些企业或生活废水直接排放到河流中，河水污染，气味难闻；废气污染也相当严重。

鉴于这些情况，结合6月5日世界环境日开展本次环保主题班会。

活动目的

通过本次活动，激发学生热爱环境的情感，培养学生保护环境的自我意识；同时，希望同学们能用自己的环保行动影响身边的每一个人，让全社会的人都来保护环境。

活动准备

图片、多媒体课件。

环保公益广告语设计、小品。

活动过程

主持人：同学们，21世纪是环保的世纪，提倡绿色、健康、和谐，作为祖国的新一代，我们有义务行动起来，为环境保护尽一份自己的责任。《保护环境，从我做起》主题班会活动现在开始。

主持人介绍6月5日世界环境日：

　　1972年6月5日，是一个值得纪念的日子。这一天，在瑞典首都斯德哥尔摩召开了联合国人类环境会议，各国政府的代表第一次坐在一起讨论全球性的环境问题，发表了人类划时代的历史性文件《人类环境宣言》。这是人类环境保护史上的一个里程碑。1972年10月，在第27届联合国大会上，决定设立联合国环境规划署，并确定每年的6月5日为"世界环境日"。联合国环境署每年都确定"世界环境日"的主题。"世界环境日"活动是人类广泛进行自我教育一种好形式。

　　过渡语：优美舒适的环境人人向往，请欣赏图片。

　　接着出示图片。

　　放起柔美、抒情的音乐和优美、迷人的风景图片。

　　主持人：我们生活的环境多么优美，我们的地球多么绿色、和谐，生活在这片美丽的土地上，我们多么幸福啊！

　　刚才画面上的场景大家向往吗？

　　过渡语：如果环境遭破坏，又会是什么样子？请欣赏图片。

　　放起悲伤的音乐，出示环境被污染的图片

　　主持人：配合图片做简单介绍。

　　欣赏完这两组图片，大家有什么感想？生活中你见过这样的事情吗？我们又如何来做呢？

　　学生积极表达自己的意见和见解。

　　主持人：环境优美，万物生长就有生命力，人们的心情就会很好。如果环境被污染破坏，那么人们就会很苦恼难受，生产生活都会受到影响。同学们，我们只有一个地球，作为祖国未来的接班人，我们有责任去保护它，大家想不想成为环保小卫士？但成为"环保小卫士"也不是一件简单的事。将由老师对大家进行一系列的考验，分别要"过三关，领证书"。如果"三关"顺利通过，就会得到老师颁发的"环保卫士"证书，同学们有信心拿到吗？下边，闯关开始。

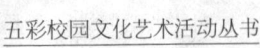

第一关："环保知识知多少"：

屏幕出示

规则：全班分三组进行比赛，两轮闯关，每轮五道题，如果本组中一个人没有回答正确，其它组员可以补充回答，也算过关。

第二关：倡议环保。

要求：通过表演节目来倡议环保。

第一个节目：快板——《谈环保》

第二个节目：相声——《讲文明、树新风》

主持人：这两个节目都揭露了社会中破坏环境的不文明现象，其实这些现象我们身边也有，如：大街上、校园里人们随便吐痰；废纸、塑料袋随意丢弃等等。对于这些现象我们应该怎么办？

主持人：宣布第二关通过。前面两关同学们都顺利通过了，看来同学们对环保意识相当强了，但那都是"纸上谈兵"，其实，第三关才是真正对同学们的考验。

第三关：环保实践。

主持人：大家在环境保护方面都做过哪些事情？说说看。

先举起制作的手工品，让全班同学看到；然后进行小组展评，评出最佳的3~4件作品到讲台上展示，讲出制作材料、用途等等。

主持人：同学们的环保行动真是棒极了，那么"环保卫士"的证书非你们莫属了！颁发给学生，班长上台领

环保是一项持久战，需要我们长久来保持。那么对于我们少先队员来说，力所能及的事情是什么？

学生自由发言。

老师适时补充：弯腰拣起地上的一片纸、一个塑料袋、一个饮料瓶；爱护花草树木，给花草树木浇水；悄悄擦去墙壁的灰尘等等。也可以设计一些环保广告语，提醒大家注意。

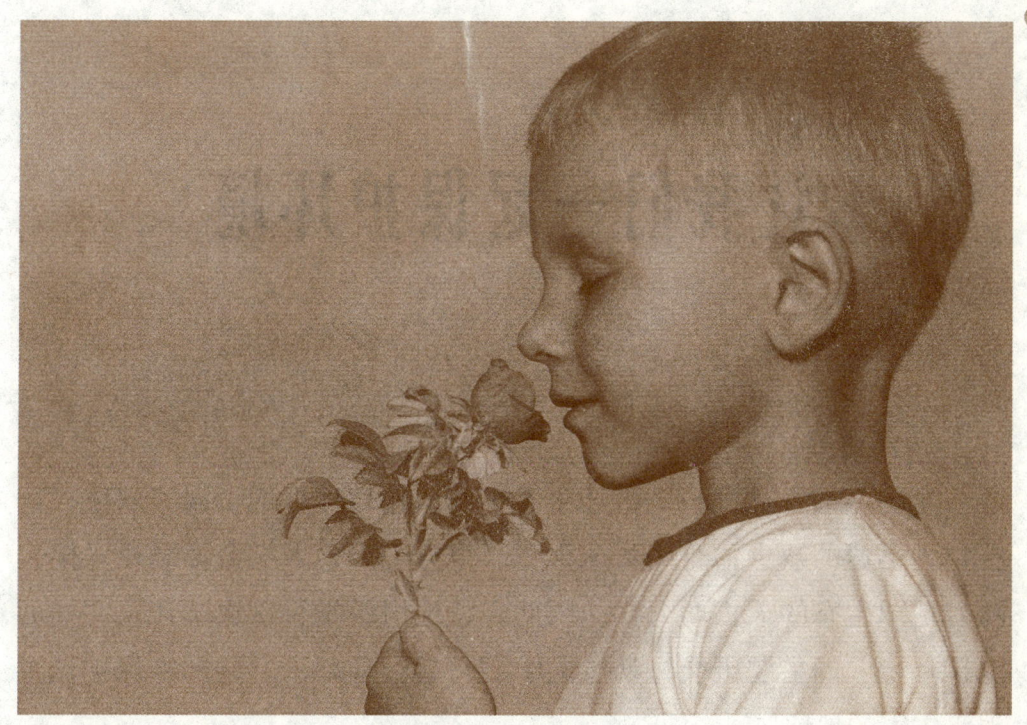

学生：3人至5人读环保标语，然后分组举起环保广告语，让其它同学和老师欣赏。

活动要求：

课后给自己设计的环保广告"安家"，找一个合适的地方贴上去，提醒大家注意。

希望每个同学走上街头，自觉当好环保小卫士，制止一些不文明行为。

活动反思

因为环保不是一天两天的事，也不是仅靠某一批小学生就能做好的事，需要全社会你、我、他共同来参与。需要全社会的人都来保护我们美丽的地球村，让我们祖国的天更蓝，水更清，草更绿，人更美。让我们齐唱《手拉手，地球村》，希望"环保的行动"遍布世界的每个角落。

让我们一起保护环境

活动背景

    某些人的乱砍乱伐，破坏生态平衡，使地球形成了温室效应，一些物种迅速的减少，有些甚至灭亡。终有一天，人类会像恐龙一样，随着地球生态的灭亡而灭亡。因此，特地组织举行这次"让我们一起保护环境"的主题班会，动员同学们一起行动起来，共同来保护这个属于大家的地球。

活动目的

    通过活动，让学生了解当前的环境状况。

    让学生在生活中能养成环保的习惯，具备环保的意识；让学生真正明确环境保护的重要性，感受人地协调必要性。

活动准备

    让学生通过报刊、杂志、Internet等多种途径，了解我国当前的环境污染状况。

活动过程

1.教师导入

环保是一个热门的话题，也是一个迫在眉睫的话题。说起环保，我们的许多同学都有这样的想法：环保是环保部门的事，和我们无关；环保就是治理"三废"……其实，环保是地球村上的每个公民的事，也是每个必尽的义务之一。

我们面临的环境问题有哪些。

可以先让学生讨论他们所知道的环境问题有哪些。

（1）环境污染。读图片及阅读材料，指导学生了解环境污染的各种表现及产生原因，请学生分别举出生活中的相应例子。使学生认识到环境污染的严重性、环境污染对人类生存和发展的危害，明确目前环境污染无处不在的危机现状。

（2）土地荒漠化。由北京曾多次出现沙尘天气，引出由于人类不合理的活动和气候变化等原因，造成土地退化的现象。读图片及材料，了解土地荒漠化的主要表现和原因。

（3）生态系统破坏。读图片及阅读材料，知道由于人类不合理的砍伐、耕作，使森林减少，生物物种灭绝，植被受到破坏，生态环境恶化。请学生举出生活中人类破坏生态系统的行为。

教师总结归纳：地球生物圈是全人类赖以生存和发展的共同家园，世界是一个不可分割的整体，空间上的距离和国家的边界对环境灾难是没有约束力的。环境问题没有国界，是全球性问题，各国的环境问题可以相互影响、相互作用。

2.面对这些问题，我们应该如何做？

让学生讨论，得出结论

（1）节约用水

水是生命之源，人类的文明之舟自古依水而行。人类对水的依

赖，就像婴儿之于乳汁。河流被称为大地的动脉，湖泊被誉为大地的明珠。河流和湖泊提供了丰富的淡水资源，塑造了富饶的冲积平原，滋润了土地，哺育了人民，成为人类文明发展的摇篮。我们每天节约一滴水，就为地球添加了一分绿色。

我们可以做到的：洗脸洗脚的时间养成使用脸盆的习惯；一水多用。用洗脸水洗脚水来拖地板、擦洗物品等；随手关紧水龙头。

（2）节约用电

在我国，火力发电占了我国总发电量的比重还比较大，需要耗费大量的煤、石油、天然气等大量不可再生资源。节约用电，就是节约能源。

我们每天能做的有：随手关闭教室和宿舍内的灯，做到人走灯灭；每天少看一分钟的电视等。

（3）少使用塑料制品

现在我们使用的塑料包装袋，大部分是用不可降解的聚乙烯生产的，这些包装物被抛弃到大自然后，会对环境形成"白色污染"。

我们每天能做到的有：尽量使用垃圾桶盛装垃圾而不使用塑料袋；不使用不可降解的快餐盒；不随手乱扔塑料包装物；尽量购买用纸包装的物品；不使用彩色塑料包装纸包装生日礼物等。

（4）不使用一次性筷子

每天使用的一次筷子，都是用竹子或树木做成的，每扔掉一双筷子，就是扔掉一片森林。在日常生活中，尽量使用金属饭勺或非一次性筷子吃饭，而不使用一次性木筷。

（5）拒绝使用含汞的干电池

在我们平时使用的干电池中，含有对环境及健康有很大威胁的汞，一次性电池中往往含有大量的汞，而可充电干电池中汞的含相对较低或不含汞。

在我们的日常生活中应注意：不使用含汞的干电池，尽量使用可充电电池；不要随手丢弃用过的废电池，最好能将用过的电池集中起来，交到学校旧电池回收箱，送到处理厂。

（6）保护校园内的花草树木

校园内的花草树木，除具有美化环境的作用，还有净化空气、吸收噪音、灰尘的作用。保护花草树木，也是保护环境。

我们可以做到：不要随意践踏草坪；不攀摘花果；按时给花草浇水。

（7）节约粮食

粮食的生产过程，需要消耗大量的光、热、水、肥资源，节约粮食，就是节约资源，就是环保。

活动反思

通过这次主题班会，使学生知道在日常生活中哪些行为有利于环保，怎样做才环保，相信通过这次活动，孩子们在环境保护上都会有更深的认识，并会做出一些他们认为有意义的事情。

在今后的工作中，教师还应该继续把环保知识渗透到孩子的日常生活中，让孩子从小树立环保意识，养成好习惯，为我们的生活环境做出些贡献。只要大家都来关心环境，注重环保，那么每一个人都能为环保贡献出自己的力量。

校园绿色文化节活动

为提高学校广大师生的环保及节能减排意识，并进一步将意识落实到日常实际行动，从而达到构建绿色、环保、低碳民大校园的目的，学校准备举办首届校园绿色文化节。

活动主题
建绿色和谐校园

活动时间
20××年×月——×月

活动开展情况
1.开幕式暨环保时装秀大赛

环保时装秀大赛于4月25日下午在榆中校区体育馆前广场隆重举行。

出席本次活动的是本校全体师生。

开幕式上主持人介绍本届文化节的概况，校学生会主席作为学生代表宣读了《环保倡议书》，各位领导在环保承诺横幅上签名。

开幕式后举行环保时装秀大赛，由本校学生若干名学生模特展示环保时装。

展示的作品所用材料都是日常身边常见废旧物品，如报纸、旧衣物、塑料袋、饮料瓶、光盘等。设计者的创作精心灵巧、别出心裁、奇思异想。模特们的青春、靓丽、自信、完美的舞台表现以及对服装作品的深刻诠释，和着动感的T台音乐，都可以为现场的观众带来一次

别具风格的视听盛宴。这样可以吸引众多学生前来观看，台上模特倾情演出，台下观众呼声、掌声如潮。最后，整个活动在校园"十佳歌手"合唱的《明天会更好》中落下帷幕。

2.绿色创意DIY手工艺品竞赛

学生利用身边常见废旧物品，发挥想象，赋予其新的使用价值，制作成精美的手工艺品参赛。

3.环保知识学术讲座

活动邀请校内外专家学者做了环保科普方面的讲座。讲座面向全校师生，提高广大师生的环保学术基础，并为文化节的各类竞赛、活动提供了理论依据和指导。

4.绿色生活演讲比赛

演讲比赛分初赛和决赛。

初赛中，几十余名学生经过激烈竞争，最终16名选手晋级决赛。

决赛突出环保主题，选手们围绕"绿色、环保、低碳生活"的演讲主题，或慷慨激昂，或娓娓道来，或奋力疾呼，旁征博引、列举大家熟知的环保实例，小到校园生活环境现状，大到当今国际、国内环境形势。并向大家发出了强烈的号召，希望同学们能关心环保问题，从自身做起，从身边小事做起。最终，评比出比赛前6名。

本活动意在通过比赛的形式，敦促广大学生主动学习环保理论知识，提高理论水平，形成强烈的环保意识，养成良好的环保习惯，为构建绿色、环保、低碳的民大校园贡献力量。

5."身边化学知识"竞赛

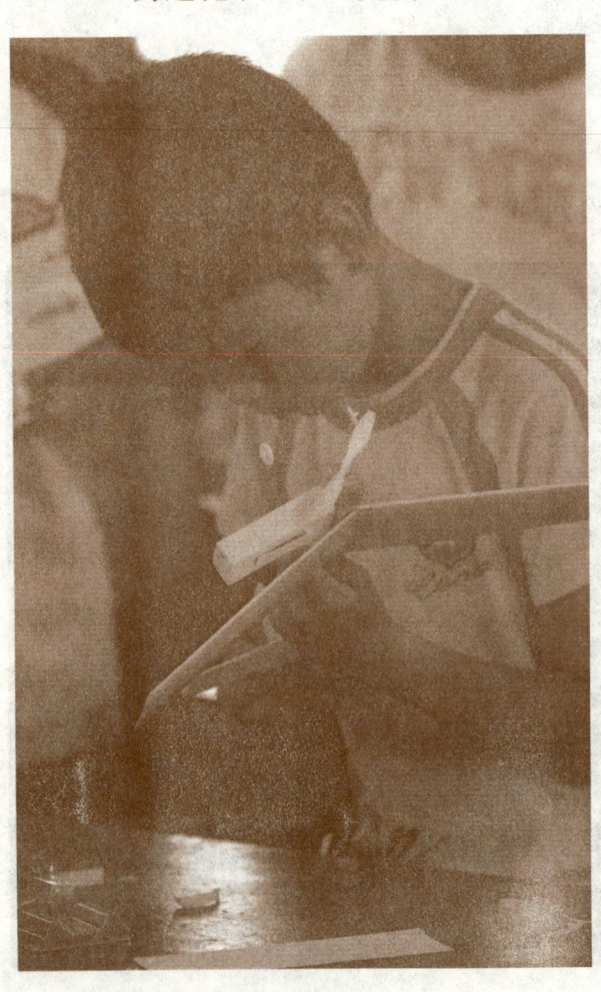

比赛形式分为个人赛和团体赛，团体赛又分专业组和非专业组。

比赛环节设置为必答题、抢答题、互选答题和风险题等，中间配以选手才艺展示和趣味小实验。

比赛用题库要贴近大家日常生活，注重题目本身的知识性、趣味性。本活动旨在通过竞赛答题，引发学生对身边习以为常事物的深入思考、拓展知识面，并培养大家的环保意识和团队合作精神。

6.某地实地考察调研活动

本活动旨在通过参与实地考察和调研，提高同学们的社会实践能力和解决社会实际问题的初步能力，引发广大学生对环境问题的深入思考。

可提前成立一个调研小组，提前设计好调查问卷和调研方案前往目的地进行实地考察调研。调研结束后，同学们将采集到的图片在学校进行了展出，用身边的实例引起了广大师生对环境污染的重视；并对采集的相关水质、土壤进行了专业采样分析，最终形成了一份调研报告。

7.节能倡议活动

本活动针对学校尚存在的部分师生浪费水、电、粮食现象严重而举办。学生可以制作精美的节水省电的宣传小标语，粘贴于办公区、教学区、生活区的水房内、电脑前和开关旁；制作了节能常识宣传单向广大师生散发。

对于高素质的学校师生而言，这种温馨提示和宣传单或多或少会对广大师生的浪费行为起到提示和约束作用。

本活动意在使大家养成量需使用水电、随手关水关电的好习惯，以实际行动为学校节能减排做贡献。

8.废旧物品回收献爱心活动

本活动，在食堂前设立了废旧物品回收点，面向全校学生尤其是毕业班学生收集废旧物品，并将相关废旧物品进行变卖，最后将活动所得财物以本次校园绿色文化节的名义捐赠给了周边困难农户和学生，开展了献爱心活动。

9.环保宣传影视展播

活动可以选取三部有关环境、生态等内容的影视作品进行展播，通过画面直观地展示目前的环境问题、面临的环保困难，给学生以教育和警示，增强了大家的环保意识和忧患意识。

10.闭幕式暨颁奖典礼

学校首届校园绿色文化节闭幕式暨颁奖典礼学校礼堂或某教室隆重举办。

会上，与会人员首先观看《首届校园绿色文化节活动回顾》视频，视频内容要真实感人，体现本届校园绿色文化节自开幕以来所进行的10项子活动的开展过程、取得的成绩以及网络媒体报道情况等。

随后由校领导宣读在环保时装秀大赛、绿色创意DIY手工艺品竞赛、绿色生活演讲比赛以及身边化学知识竞赛等活动中获奖的学生名单，与会领导和嘉宾对受到表彰的集体和个人颁发荣誉证书和奖品。

获奖学生代表同学发言，表达对当时参与环保时装秀活动的感受，对开展本次校园绿色文化节的认识、感谢和美好祝愿。

随后，校团委领导进行总结讲话，分别从举办此次活动的目的、活动的实际开展情况、取得的成绩以及建议等几方面进行了总结并宣布本届校园绿色文化节圆满闭幕。

活动效果或后续打算

学校举办本此动，初衷是为了丰富大学生校园文化生活，并力争使环保理念、节能减排意识深入人心，让广大师生养成一个良好的环保习惯。

这就对活动提出了一定的要求。

本次活动要主题鲜明，活动形式多样、内容丰富、亮点突出、可操作性强，结合社会热点，顺应学校发展需求，贴合师生日常学习生活，吸引学校或其他兄弟院校的众多学生参与，极大地丰富了同学们的课外文化生活。

通过参与活动，提高广大学生的环保节能意识，进一步培养了学生的实践创新能力，在全校范围和校园周边掀起了一股"绿色环保"。

通过活动前后期的大力宣传，扩大本次活动的影响，可以在相关网站或者学校网页上对本次活动进行大量的宣传报道；本次活动参与面或者参与学生的数量可以做个统计。

以后如果再举办类似活动，一是要创新活动宣传形式，加大宣传力度，让更多师生了解并参与到活动中来，除传统的宣传方式外，还可以利用目前学生较喜欢的微博、论坛、QQ、飞信等方式进行宣传；并及时对活动进行跟踪报道，扩大活动的影响面和受益面。二是要创新活动的内容和形式，结合活动主题，多调研、多了解，多开展学生想参加、愿参加、能参加的活动，提升活动的质量和参与度。三是要以开展各项活动为契机，着力提高学院团学组织的凝聚力和创造力，提高广大团学干部的综合能力。

我们相信，在学校的精心指导下，在各班级的大力支持下，学校园绿色文化节一定会越办越好。

校园环保活动策划书

活动目的

地球是人类唯一的母亲，而她却没有得到人类应有的尊敬。保护环境，匹夫有责，特别是作为未来国家建设栋梁，学生更应该提高环保意识，增强环保理念，为保护环境贡献自己的力量。

但是我国目前的环保状况并不乐观，人们并没有把环保落实到日常的生活中。为进一步提高我校学生的环保意识，通过创办环保协会，组织广大同学展开多彩的校园环保活动，以促进广大学生养成自觉保护院园环境的良好习惯，同时公民的环保意识仍然不是很高，而我们大学生更加应该了解全新的环保理念，给广大的市民起到一个表率的作用。

活动主题

让世界再多一点绿

活动内容

活动一：可回收物品收集活动

活动二： 环保知识宣传展出

活动三： 向中小学生讲解环保知识

活动四： 大学生环保袋设计比赛

活动五： 环保知识有奖竞答

活动六： 环保志愿者签名活动

活动七： 环保宣传海报比赛

活动八： 与老校区环保社共同讨论交流环保事宜

活动九： 在植树节当天组织环保社员植树

活动十： 清除校园的垃圾广告

活动时间

20××学年，具体活动时间根据社员课余时间商定。

活动对象

主要针对环保社社员，以及全校学生。

活动要求：

1.热爱环保、关心环保，有正义感和责任感。

2.继续提高校园的卫生质量。创造一个干净，舒适、优美的学习生活、休息的环境。

3.注重个人道德情操修养，把校园变成培养良好生活空间，养成和睦、友爱、团结的学生团体。

4.形成人人爱护公物、关心他人的好风气，建立文明、良好思想道德情操的好长场所。

5.提高同学们的处事、交际能力，把校园变成锻炼、培养自我管理、自我约束、自我完善的实践基地。

6.为绿色地球献出一份力量!

活动地点

活动一具体地点由第一次例会后商讨决定。

活动二四五六七在学校食堂门口。

活动八与老校区环保社商讨后决定。

活动九与物业商讨后决定。

活动十在校园内进行。

活动方法

1.会员每周将收集的空矿泉水瓶。卖掉后作为环保社经费。

2.环保社员将自行制作环保知识宣传海报，及环保知识介绍海报放在校园内展出。

3.与个别小学联系，推荐别别环保意识突出的社员为学校学生降解环保知识和环保重要性。

4.寻找赞助商，为活动提供环保袋，组织社员对环保袋进行环保设计装饰，并在其中选出设计突出的作品，对作者进行奖励。

5.制作环保知识问题卡片，将其发给参加活动的同学，对答对问题的同学进行奖励用以宣传环保知识。

6.在环保知识宣传的同时，组织同学进行环保承诺签名。

7.组织环保社成员制作环保海报，对于制作优秀的同学进行奖励。

8.组织新校区与老校区环保社成员见面，讨论与交流环保心得。

9.在植树节与当地物业联系组织同学植树。

10.将社员分组，按小组分配任务清理校园垃圾广告。

活动经费预算

具体活动由参加人数等具体实施时决定。

活动可行性预测

活动一：由于塑料瓶价格低廉，社员环保意识比较弱，活动效果可能不是很理想，所筹得的经费可能不多，但也会为社团减轻一定的经济压力。

活动二：活动所需经费不高，活动参与人员应该相对较高，活动的可行性较大。

　　活动三：由于中小学教学的封闭性，及中小学学校的课程安排影响，本活动的可行性相对较弱。

　　活动四：由于是有奖比赛，参加人数应该较多，但是寻找赞助商可能是影响本次活动本次的一个不利因素。

　　活动五：本活动经费不高，而且属于有奖竞答，所以可行性是比较高的。

　　活动六：经费不高且举办比较方便，可行性较高。

　　活动七：活动经费不高，而且属有奖比赛，所以可行性较高。

　　活动八：无需经费，实施容易，但由于新老校区的距离较远，参加人数无法确定。

　　活动九：根据当地物业情况而定，由于所植树苗由个人出资，加之很少有人懂得植树方法，所以可行性不是很高。

　　活动十：无需活动经费，但社员的环保意识与积极性无法预测。

预计效果

　　此次活动将做好全面的宣传工作，影响力将涉及校区各个系部班级。此次活动的开展，将使更多的同学了解到目前我们生活所处的环境，了解到更多关于环保的知识，以号召大家共同维护我们的生活、学习环境，共建美好的家园。

图书在版编目（ＣＩＰ）数据

校园环保类活动指导手册 / 于玲编著. -- 长春：
吉林出版集团有限责任公司，2013.11（2020.11重印）
ISBN 978-7-5534-3310-3

Ⅰ．①校… Ⅱ．①于… Ⅲ．①环境保护－青年读物
②环境保护－少年读物 Ⅳ．①X-49

中国版本图书馆CIP数据核字(2013)第226696号

校园环保类活动指导手册

于 玲 编著

出 版 人：齐 郁
责任编辑：孙 婷
封面设计：大华文苑（北京）图书有限公司
版式设计：大华文苑（北京）图书有限公司
法律顾问：刘 畅
出　　　版：吉林出版集团股份有限公司
发　　　行：吉林出版集团青少年书刊发行有限公司
地　　　址：长春市福祉大路5788号
邮政编码：130118
电　　　话：0431-81629800
传　　　真：0431-81629812
印　　　刷：北京兴星伟业印刷有限公司
版　　　次：2013年11月 第1版
印　　　次：2020年11月 第3次印刷
字　　　数：158千字
开　　　本：710mm×1000mm 1/16
印　　　张：12
书　　　号：ISBN 978-7-5534-3310-3
定　　　价：35.00元